おしえて！尾木ママ
最新SNSの心得 2

どうしよう？
SNSのトラブル

監修 尾木直樹

ポプラ社

もくじ

　この本を手にとってくれたあなたへ ……………………………………… 4
　知らない人と楽しいトーク⁉ ……………………………………………… 5

1章　SNSってなんのこと？ …………………………………………… 9

　SNSって知ってる？ ……………………………………………………… 10
　SNSにはどんな種類があるの？ ………………………………………… 12
　　Facebook/Twitter/LINE
　ほかにもあるよ　いろいろなSNS！ …………………………………… 14
　　mixi/GREE/Instagram/Google+/LinkedIn™/Tumblr
　SNSで広がる世界！ ……………………………………………………… 16
　知っておこう！　SNSを楽しく安全に使うための約束事 …………… 18

2章　聞いて！ SNSのなやみ相談室 ……………………………… 21

聞いて！ 尾木ママ
- Facebookのネタがなくってこまっています。 ………………………… 22
- Facebookの「いいね！」にうんざりです！ …………………………… 23
- 友だちがFacebookにわたしと写っている写真をアップ。 …………… 24
- 知らない人からの「友だち申請」にこまっています。 ……………… 25
- Twitterでクレームの嵐！　気をつかったのにどうして？ …………… 26
- Twitterアカウントをつきとめられ、いやがらせを受けています。 … 28
- 友だちがTwitter上でストーカーされました。どうして？ …………… 29
- デマのツイートにあ然。デマツイート、どう見わけるの？ ………… 30
- SNS、何がよくて、何がいけないの？ ………………………………… 31
- SNSで知り合った友だちとカラオケするはずが、
　そこには別のおとなが……。 …………………………………………… 32
- どのSNSも、とちゅうからめんどうになります。
　わたしに合うSNSはある？ ……………………………………………… 33
- Twitterに自分で撮っていない写真をアップしたら違法？ …………… 34
- 特定の人の情報を他人がアップしているツイートを
　見かけました。これって犯罪では？ …………………………………… 35
- Twitterで根も葉もないことを書かれ、拡散されました。 …………… 36

3章 聞いて！ LINEのなやみ相談室 ……… 37

- 新世代のコミュニケーションツールLINEについてもっと知りたい！ … 38
- 便利なLINE機能の表と裏！ ……… 39
- スマートに使いたいLINEのマナー ……… 41

聞いて！ 尾木ママ

- 友だちとLINEできなくて、仲間はずれにされそう！ ……… 42
- LINEにしばられるのがいや。でも気になってしかたがありません。 ……… 43
- グループトークがずっと続くと、いつぬけていいのかわかりません。 ……… 44
- 夜もグループトークに参加したい！ でも親との約束でできません。 ……… 45
- 4人でグループトークをしているけど、最近わたし以外の3人のグループができたみたい。 ……… 46
- 乗っ取りの被害にあって以来、友だちがわたしをブロックします。 ……… 48

気をつけよう！ LINEを安全に使うために ……… 50

- あまり仲よくない友だちとのトークが苦痛です。どうしたらいい？ ……… 52
- LINEグループ内のいじめ、わたしには何ができる？ ……… 53
- LINE禁止のうちの親。なんとかなりませんか？ ……… 54
- LINE上でのけんかにまきこまれてこまっています。どうしたらいい？ ……… 55
- 設定のミスからいろいろな人からの友だち申請が来た！ ……… 56
- LINEをやらないことがいじめの原因になりそう……。 ……… 57
- みんなが楽しんでいるグループトークの内容が楽しめません。 ……… 58
- LINEに興味がないと友だちに言えません。言ってもいいでしょうか？ ……… 59

ネットトラブルにかんする相談窓口 … 60
尾木ママより
　保護者の方と先生へ ……… 61
SNSとLINEにかんする用語集 ……… 62
さくいん ……… 63

この巻で、SNSにかんする専門的なアドバイスをしてくれる木下さんです！

この本を手にとってくれたあなたへ

尾木直樹

　SNSって、とっても便利。いつでもどこでも、仲のいい学校の友だち、部活や塾の友だち、友だちの友だちとも超スピーディーに、リアルタイムでつながれます。「既読」が表示されて読んでくれたかどうかわかるLINEは、格別便利。とくに、グループトークはもりあがります。目の前でみんなとおしゃべりしているような臨場感がたまらない。これまでにない楽しさだよね。

　そもそもLINEって、開発中の2011年3月に東日本大震災が起きて、こういった場合に家族や友だちとスムーズに連絡できる手段があったらと、早急に開発が進められ、誕生したんだそうです。知らない人とつながるこれまでのSNSとはちがう役割が強調されて、世界中で爆発的に流行。今や登録者数は5億人ともいわれています。

　ところが便利なぶんだけ、トラブルやなやみも急増。個人情報をぬすまれたり、不用意な表現から誤解をまねいたり、だれかを傷つけたり。無料ゲームのつもりが高額請求にびっくりしたり、知らない人からいやがらせを受けたり、事件に発展する例も続出しています。

　LINEいじめもすごい。今やLINEを介さないいじめはほとんどないほど。つながりが強いだけに、かんたんに仲間はずしができてしまうからです。

　「SNSって便利で楽しいけど、やめたい！」。最近、こんな声もよく耳にします。
　そこで尾木ママ、みなさんといっしょに、これらの難題をどう解決すればいいのか、予防のしかたやもっと楽しい使い方がないのか考えたいと思います。

　みなさんも自分の問題とかさねながら、じっくり考えてみてね！　そして、友だち関係がもっとよくなる使い方を身につけていきましょうね。

ざけんなよ！

無視してんじゃねーよブス！

おまえがだれだかわかってんだぞ

何これ…!?

ひどい目にあわすぞ！
やだ…
こわい…っ

なんで男子なの…？女の子だったはずなのに
えっ!?うそだったの…？
わたしいろいろ自分のこと話しちゃってた！

どうしたらいいの〜？

あらあら……。SNS（エスエヌエス）についてよく知らないみたいですね。いっしょに見ていきましょう！

1章 SNS（エスエヌエス）ってなんのこと？

パソコンや携帯電話、スマートフォンの普及によって、インターネット上で人とコミュニケーションを取る機会が増えました。それをサポートしているのが、SNS（エスエヌエス）というサービスです。どんなサービスなのか、見ていきましょう。

SNSって知ってる?

SNSとは、インターネット上で人と人とがつながって楽しむサービスのことです。どのようなことができるのでしょうか。

💬 SNSは会員制のウェブサービス

SNSは、インターネット上で情報を交換したり、会話を楽しんだりできるサービスです。一般的には、スマートフォンやパソコンにSNSのアプリ＊をダウンロードして登録し、使います。メールは、特定の人とのメッセージ交換ですが、SNSは、そこに参加しているたくさんの人たちに情報やメッセージを伝えられる掲示板のようなものです。掲示板に書きこめるのは、そのSNSの会員だけで、登録していない人は書きこむことができません。日本中、さらに世界中の人も参加していて、知らない人とも交流ができます。

SNSは、パソコンやスマートフォンなどをネットにつなぎさえすれば、参加することができます。手軽に持ち歩けるスマートフォンの普及で、SNSに参加する人はとても増えました。

> SNSとは英語のSocial Networking Serviceを略した呼び名です。Social Networkingとは、「社会的なつながり」という意味です。

▶ソーシャルメディアとマスメディア

「マスメディア」は、新聞やテレビ、ラジオなど、不特定多数の人に向けて一方的に情報を伝えます。それに対し、「ソーシャルメディア」は、個人や小さな団体でも情報や意見を発信でき、情報を受け取った人もそれについて意見をのべて、両方向から情報発信ができます。また、だれかの情報や意見をよいと思ったら、それをクチコミとして、ネット上に広めることもできます。こうしたソーシャルメディアの中で大きな役割をになっているのが、SNSなのです。

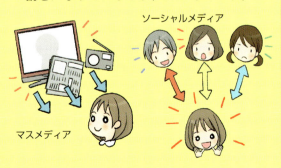

マスメディア　ソーシャルメディア

＊アプリ：アプリケーションソフトの略。特定の目的のためにつくられたソフトウェア。

1章 SNSってなんのこと？

💬 SNSでは、どんなことができるの？

▶情報交換
自分がキャッチした情報や自分の考え、身のまわりのできごとなどを、SNSの友だちに知らせることができます。友だちはそれに対して感想や意見を返し、おたがいの思いを伝えあうことができます。

▶メッセージ
ひとり、または同時に複数の人にメッセージを送ることができます。相手がインターネットを利用できる状況にあれば、まるで、その場でおしゃべりをしているかのように、リアルタイムでメッセージをやりとりすることもできます。

▶日記
ネット上に日記を書いて公開したり、だれかの日記を読んで、感想やコメントを伝えたりできます。

▶写真
自分で撮った写真を投稿し、SNSの友だちに見せることができます。見た人は、写真の感想を書きこんだり、その写真をシェア（共有）したりできます。シェアは、その写真を、ほかの人に紹介する機会にもなります。

▶音楽
お気に入りの音楽を集め、それをSNSの友だちに紹介できます。また、自作の音楽を投稿し、それを聞いた人の感想を知ることもできます。

▶ゲーム
SNS上で遊べるゲームは、「ソーシャルゲーム」と呼ばれ、たくさんの種類があります。SNSの友だちと、きそったり協力したりしてゲームを楽しむことができます。

会ったこともない人と、同じ趣味でもりあがれるのがSNSのいいところ！

11

SNSにはどんな種類があるの？

インターネット上にはいくつものSNSがあって、それぞれに特徴があります。代表的なものを紹介しましょう。

世界で大人気のSNS
Facebook
フェイスブック　https://ja-jp.facebook.com

もともとはアメリカの一部の大学生のあいだではじまったSNS。だんだんと一般の人にも広まって、全世界に普及し、いまや15億人以上の人が参加しています。参加資格は13歳以上で、利用者の中心はおとなです。ほかのSNSと大きくちがう点は、原則的に実名で登録しなければいけないこと。じっさいの生活で会ったことのある人と、ネット上でも交流しようというタイプのSNSです。

おもな特徴

● **知り合いを見つけて「友だち」に**
実名登録のため、検索して昔の同級生や知り合いなどを見つけ、つながることができる。「友だち」として承認したら交流スタート。

● **近況のお知らせや写真・動画の共有**
自分の近況や興味を持った情報などを友だちに知らせたり、写真や動画を投稿したりできる。見た人は、「いいね！」ボタンやコメントで感想を伝えられるほか、写真や投稿内容を「シェア」＊して、友だちに紹介することもできる。

＊シェア：「知り合いにも広めたい！」と思ったリンクや画像つきの情報にコメントをつけて、知り合いに送り、情報を共有するFacebookの機能。

● **メッセージやグループ機能**
Facebookの友だちの中から、特定の人だけでグループをつくって情報を共有したり、個人的にメッセージを送ったりすることもできる。

Facebookは、企業や団体も参加しているから、興味のある会社などに「いいね！」ボタンをおしておくと、その会社の情報が自動的に入ってきます。

Facebook © 2015

※Facebookは、13歳から登録することができますが、未成年のあいだは、利用に制限があります。

1章 SNSってなんのこと？

つぶやき系のミニブログ
Twitter
ツイッター　https://twitter.com

最大140文字という短い文章を投稿するSNSです。Twitterの記事は「tweet」と呼ばれ、もともと英語で鳥のさえずりのこと。日本では「つぶやき」とも言われ、登録者は、大ニュースから身近なできごとまで、さまざまなことをつぶやきます。実名で利用する人もいますが、匿名の利用者も多くいます。

© 2015 Twitter

おもな特徴

● 興味のある人を「フォロー」

Twitterには「フォロー」という機能がある。興味のある人を「フォロー」することで、その人のつぶやきが、自分の"タイムライン"と呼ばれるスペースに、自動的に届くようになる。

● リツイートでつぶやきを広める

だれかがつぶやいたことがおもしろかったら、「リツイート」をおすことで、その投稿をそのままほかの人に教えることができる。リツイートされたものに返信すれば、もともとつぶやいた人につぶやきを返すことも可能。

● 「#（ハッシュタグ）」で話題を探す

ツイートに「#」をつけ、そのあとにイベントの名前やテレビ番組名などキーワードをつけて投稿すると、同じ話題のつぶやきを探すことができる。

同じテレビ番組を見ている人たちがどんな感想を持っているか、これを使えば、その場でチェックすることもできます。

※ Twitterは、13歳未満の子どもを対象にしているサービスではありません。子どもによる情報の発信には保護者の同意が必要です。

人気上昇で何かと話題！
LINE
ライン　https://line.me/ja/

© LINE Corporation

LINEはスマートフォンや携帯電話などの電話帳に登録してある人たちとつながって、メールや電話のかわりに無料でメッセージをやりとりできるアプリです（厳密にはSNSと分ける考え方もあります）。友だちや家族などでグループをつくり、はなれていてもメンバーで会話を楽しむことができます。

おもな特徴

● ふきだし形式＆スタンプが使える

メッセージのやりとりは、ふきだし形式のデザインになっていて、文字だけではなく「スタンプ」と呼ばれるいろいろなイラストも入れながら、楽しく会話ができる。写真や動画、音声などのデータも送ることができる。

● 音声通話やビデオ通話が無料で使える

LINE上で友だちになっていれば、電話のように話をしたり、相手の映像を見ながらテレビ電話のように会話をしたりすることもできる。

13

ほかにもあるよ いろいろなSNS！

＊各SNSによって、使用可能な年齢制限や、使用可能な機能制限が設けられています。

ミクシィ　https://mixi.jp

日本で生まれて多くの人が利用しているSNS。登録をして、日記、写真、つぶやき、カレンダーなどのサービスを利用し、友人とのコミュニケーションを楽しむことができます。

© mixi,inc

GREE
グリー　http://gree.jp/

日本だけで利用されているSNS。無料ゲームがたくさんそろっていることで人気があり、そのほか、ブログ*1や、アバター*2の着せかえ、デコメ*3なども楽しめます。

＊1　ブログ：インターネット上に公開する日記。
＊2　アバター：インターネット上で自分の分身とするキャラクター。
＊3　デコメ：携帯電話のメールの文章を、絵文字やイラスト、色などでかざることができるサービス。

© GREE,Inc

Instagram
インスタグラム　http://instagram.com

写真系のSNSです。自分で撮った写真を投稿でき、それに対して世界中の利用者がコメントなどを書きこみます。写真を編集・加工できるため、まるでプロのカメラマンが撮った作品のように仕上げられるのが魅力です。

1章 SNSってなんのこと？

Google+
グーグルプラス　https://plus.google.com/

SNSの仲間を家族や学校の仲間などサークル別に分けることができ、相手を選んで投稿をシェアすることができます。また、ビデオハングアウトという機能で、一度に最大10人までとビデオ通話を楽しむこともできます。

※個人アカウントは2019年4月にサービス終了。

LinkedIn
リンクトイン　https://www.linkedin.com

ビジネスに重点を置いたSNSです。プロフィール欄はまるで履歴書。仕事上で出会った人とつながることができ、興味のある会社や分野などにかんする情報を集めて管理することもできます。

LinkedIn Corporation © 2015

Tumblr
タンブラー　https://www.tumblr.com

お気に入りの写真や文章などを保存しておく、ネット上のスクラップブックのようなSNSです。いいなと思った人のTumblrをフォローすると、自動的に自分の画面に入ってくるようになり、人のコレクションを楽しむこともできます。

▶動画共有サイトも人気！

世界中で利用されているYouTubeは、だれでも動画を投稿でき、会員登録をしていない人でもそれを見ることができます。国内ではニコニコ動画も大人気。動画の画面上にコメントできるのが特徴で、それによって独特な動画世界をつくりあげています。こうした動画共有サイトでは、音楽やアニメ、映画やテレビ番組などを、著作者のゆるしを得ないまま投稿する一部のユーザーが、問題になっています。

※著作権を所有しないユーザーの投稿の多くは、著作権を管理するシステムによって、著作権所有者に通達されています。

SNSで広がる世界！

たとえ自分の部屋にいても、SNSにつなぎさえすれば、そこは世界への入り口。便利で楽しいけれど、使い方をまちがえると、思わぬ危険もひそんでいます。

💬 世界中の情報をキャッチ

SNSに登録すると、日本中、いえ世界中の情報を知ることができます。

たとえば、Twitterに登録すると、世界中の人のつぶやきや写真を見ることができます。実生活では、とても会えないような人が、今何をしているのか、何を考えているのかを知ることができるのです。同じ趣味を持つ人を見つけて仲よくなれば、SNS上で会話することもできます。世界中の情報にアクセスできる、それがSNSの大きな魅力です。

💬 SNSに登録して発信も世界中に

知らない人の投稿を見られるように、自分が投稿した文章や写真も、世界中の人に発信することができます。自分の意見や考え、作品などを発表し、伝えることができるチャンスなのですが、その反面、不特定多数の人に自分の生活や考え方を知られてしまうことにもなります。

SNSのほとんどが、投稿した内容をだれに見せるか、自分自身で設定できるようになっていますので、不特定多数の人に公開したくないときは、最初に設定することが必要になります。

たとえばFacebookだと、「投稿を世界中のだれにでも見せる」「友だちとして承認した人にだけ見せる」「友だちの友だちまで見せる」「特定の人にだけ見せる」と、**公開範囲をこまかく決めることができます**。大事な設定だから、最初にきちんと確認する必要があります。

人から人へ、あっというまに情報が広まる！

SNS上に公開した情報は、シェアやリツイートという機能によって、おどろくほどのスピードで広まっていきます。

こんな例もあります。ある女の子が、街で芸能人に会い、いっしょに写真を撮ってもらいました。友だちに見せようとSNSに投稿したところ、その写真がシェアされて、知らない人にまで広まってしまいました。結果、その芸能人の大ファンだという人にねたまれ、意地の悪いコメントが届き、関係ない投稿まで攻撃されるようになってしまったのです。

写真を投稿した子は、友だち以外非公開にしていたため、自分の友だちしかそれを見ていないと思ったのかもしれません。しかしそれはまちがい。たとえ非公開にしていても、一度ネット上に出てしまった写真はコピーすれば取り出すことができます。悪意なく、友だちがあなたの写真をあなたのことを知らない別の友だちに送り、その別の子が拡散してしまう可能性もあるのです。そして、SNSの利用者は、自分に共感してくれる人ばかりとはかぎらないのです。一度ネット上に広まった情報は、投稿者が元データを消したとしても、将来にわたってのこり続けます。

> 一度ネット上に広まってしまった情報は自分ではコントロールできなくなってしまいます。発信するときはよく考えてからにしてね！

▶情報収集や安否確認、災害時に活躍するSNS！

2011年3月に起きた東日本大震災では、固定電話や携帯電話が通じなくなり、連絡が取れなくなる中、TwitterなどのSNSが大活躍しました。

家族や知人の無事を確かめたり、行方不明の人を探したり、「避難場所はここだよ」「交通機関は動いているよ」「支援物資を送って」など、さまざまな情報を広めるのにSNSが利用されたのです。

一度に多くの人に情報を伝えられるSNSは、災害時にとても便利だということがわかり、それまで利用していなかった人もSNSを見直すきっかけになりました。

> ただし、**あやまった情報が広まってしまうこともある**ので、注意してね！

知っておこう！
SNSを楽しく安全に使うための約束事

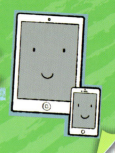

1 まずは利用規約をしっかり読む！

SNSをはじめる前に、まずそれぞれのSNSの利用規約を読みましょう。SNSによって多少はちがいますが、年齢制限があったり、使用するのに親などの同意が必要だったりするものもあります。いじめの禁止なども書かれていますので、よく読んでから使用しましょう。

2 公開する情報をしっかり管理！

SNSにのせようとしている文章や写真は、だれが見てもよいもの？　個人情報はのっていない？　投稿しようとする内容は、半永久的にネット上にのこります。それでもよいか、よく考えてから投稿しましょう。

本名を明かしていなくても、学校名や住所などから調べることはかんたんです。情報の公開には注意してください。

3 自分のSNSに友だちのことをのせるときは、本人に確認を！

あなたが投稿しようとしている写真に、友だちは写っていない？　文章の中に友だちのことは書いていない？　本人のことわりなしに、SNSに人のことをのせるのはNG。友だちはそれをのぞんでいないかもしれないし、あなたのせいで、トラブルにまきこまれる可能性もあるのです。

Aさんの場合

BちゃんがSNSに、家でパーティーしているときの写真をのせちゃったんです。写真の位置情報*からわたしのことが特定されてしまったみたいで、あるとき、学校帰りに見知らぬ男に「Aちゃんでしょ。かわいいね」と声をかけられ、とてもこわい思いをしました。

＊位置情報：携帯電話などで撮影した画像にうめこまれている撮影した場所の情報。

1章 SNSってなんのこと？

4 知らない人とはぜったいに会わない！

SNSで知り合った人とは、どんなに仲よくなってさそわれても、ぜったいに会ってはいけません。女の子はとくに注意してください。

相手があなたと同じ年齢の女の子だと言っていても、じつは、悪意を持ったおとなの男性かもしれないのです。会ってしまったために、犯罪にまきこまれたり、心や体に傷をおってしまったりする例もたくさん報告されています。

5 むやみにクリックしたりダウンロードしたりしない！

SNSに登録している人の中には、不正なアプリをダウンロードさせて個人情報を盗む悪い人もいます。あなたの名前やメールアドレス、アドレス帳に入った友だちの情報まで盗みとられるケースも少なくありません。また、あやしいリンク*先に利用者をさそって、詐欺をはたらく犯罪も起きています。リンク先をクリックしたり、アプリをダウンロードしたりする前には、かならずおとなに相談しましょう。

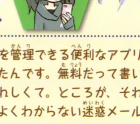

Cさんの場合

SNSでアドレス帳を管理できる便利なアプリをダウンロードしたんです。無料だって書いてあったので、うれしくて。ところが、それからというもの、よくわからない迷惑メールがたくさん来るようになってしまって……。たぶんあのとき、メールアドレスが盗まれちゃったんだと思います。

6 だれかを傷つけたり、こまらせたりすることは書かない！

だれでも手軽に意見を発信できるのが、SNSの自由さです。でもだからといって、人を傷つけていいわけではありません。人の悪口は言わない、仲間はずれにしないといったことは、最低限のマナーです。

また、書きことばにひそむ危険も心にとめておきましょう。

たとえば、「○○ちゃんておかしいよね」と文字にすると、「おもしろくて楽しい」という意味なのか、「変だ」という意味なのかわからないため、受けとり方によってはケンカになってしまうこともあります。

*リンク：ハイパーリンクの略。あるページから関連している別のページや画像などに移動すること。

7 無料ゲームに要注意！

SNS上には、無料とうたって利用者をつるオンラインゲームが数多くあります。こうしたゲームは、最初は無料なのですが、追加のアイテムをそろえたり、新しいコンテンツを買ったりするのにお金がかかります。また、自分の得点をゲームの運営会社に伝えて、自分のランキングを確認するなどで、頻繁に通信させる、通信料目的のゲームもあります。無料だと思っていたのに、高額の通信料の請求が届いてびっくり……というケースもあります。

8 トラブルが起きたらおとなに相談！

SNSを利用していて、いやな目にあったり、こまったことが起きたりしたら、ひとりでかかえこまずに、すぐに親や先生に相談しましょう。問題が大きくなる前に、解決するためです。自治体には、ネットトラブルの相談窓口もありますので、家族で解決できないときは、専門の機関に相談する方法もあります。

※60ページ参照

Dちゃんの場合

Twitterでフォローしていた相手に、つい自分のメールアドレスを教えてしまったんです。そうしたら変なメールがたくさん来るようになって、あわてて親に相談しました。結局、メルアドを変更して、Twitterもやめることにしました。

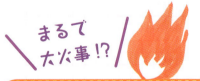

まるで大火事！？

▶SNSが燃え上がる「炎上」って何？

個人や団体がインターネット上に投稿した内容に向けて、不特定多数の人から反対意見や怒りのコメントが集中し、手におえない状態になってしまうことを「炎上」と呼びます。

炎上をふせぐには、火種をなくすこと。SNS上では自分と考え方がちがう人もたくさんいることを理解して、誤解を受けないように気をつけて投稿しましょう。見ている人を刺激するのもやめましょう。

2章 聞いて！SNSのなやみ相談室

この章では、みなさんがSNSにかんしてこまっていることについて尾木ママが答えます。ちょっとした油断がトラブルに発展してしまうSNS。問題にまきこまれないためにはどうしたらいいのかな？ 人の失敗やなやみを知って、同じ目にあわないように、気をつけてね！

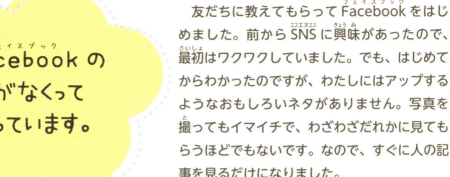

聞いて！尾木ママ

Facebookのネタがなくってこまっています。

友だちに教えてもらってFacebookをはじめました。前からSNSに興味があったので、最初はワクワクしていました。でも、はじめてからわかったのですが、わたしにはアップするようなおもしろいネタがありません。写真を撮ってもイマイチで、わざわざだれかに見てもらうほどでもないです。なので、すぐに人の記事を見るだけになりました。

友だちがアップしている話題や楽しそうな写真を見ると、つくづく自分はつまらない毎日を送っているな〜と落ちこみます。楽しいことがたくさんある人だけがSNSをやればいいんだと思ってしまいます。Facebookをはじめなければこういう気持ちにもならなかったのにと、後悔すらしています。友だちにやり方を教えてとわたしからたのんだので、今さらやめるわけにもいかずこまっています。

尾木ママのアドバイス

おもしろいネタなんて、そうそうないもの。力まずに、日々の気づきをアップしてみて！

おもしろいことをアップできずになやんで落ちこむくらいなら、やめたほうがいいかもね……と、言ってしまうのはかんたんだけど、やめられない気持ちもわかりますよ。

あなたは友だちから、せっかくFacebookのやり方を教えてもらったのにやめるわけにはいかないってなやんでいるんですね。そして、別の人と比較して、「自分はつまらない毎日を送っている」とも思っている。じつはこれ、どちらも思春期の特徴なんです。こんな時期をくぐりぬけて、成長し、精神的に自立していくんです（3巻22ページ参照）。今はその発達途上の段階。友だちと共依存の関係の時期といえます。だから、あなたがこんなふうに思うのはヘンなことではないですよ。

そもそもおもしろいネタなんて、そんなにあるもんじゃないわよー。ネタを探さなきゃ！なんて力まずに、日々自分が気づいた小さなことをアップすればいいと思います。それもなければ、お友だちの投稿に「いいね！」をしたり、「いつも楽しみにしているよ！」とコメントをのこしたり。これも立派な交流です。そのうち、これはみんなに知らせたい！というとびきりのネタを発見するかもしれません。前向きにとらえてね。

2章 聞いて！SNSのなやみ相談室

聞いて！
尾木ママ

Facebookの「いいね！」にうんざりです！

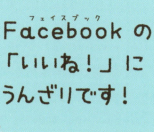

Facebookの「いいね！」にうんざりしています。友だちが新しく写真などを投稿すると仲のいい子たちはそれがどんな内容でも「いいね！」とするので、なんとなくわたしもそうしています。いいと思っていなくてもです。やらないと、ムシしていると思われそうだからです。最近は友だちの新しい投稿があったら、ドキッとし、ああ、また「いいね！」しないと……という気持ちになります。

ふだんの友だち同士の関係でも気をつかっているのに、SNSでも気をつかってつかれてしまいます。最初、もっと自由な気持ちでやれるものだと思っていました。Facebook自体は外国の好きなアーティストのことなど、世界中の情報を得られるのでやめたくありません。でも、この「いいね！」づかれから解放されたいです。何かいい方法はないのでしょうか？

尾木ママのアドバイス

「いいね！」は「読んだよ！」という意味で使えばOK！ もっとラクに考えて！

うんざりするのは、友だちのことを気にしているからです。気にすること自体はいいことだと思うけれど、それでつかれてしまったらもともこもないですね。

あなたはFacebookのいい点である「世界中の情報を得られる」ことをもとめているわけだから、やめることはないんじゃないかな。

では、どうやってうんざりせず、Facebook上で友だちとつき合っていくか……。それが問題ですね。

「いいね！」をすることにつかれているのなら、「いいね！」は「既読」の意味で使えばいいのではないでしょうか。「わたしはあなたの投稿を読んだわよ〜」というくらいの軽い感覚でいいと思います。ほかの友だちも、そのくらいの気持ちで「いいね！」しているのかもしれませんよ。ひとつひとつの投稿を、しっかりジャッジしてから「いいね！」しているわけではないでしょう。そこはもっと気楽にとらえたほうがいいんじゃないかな？ そして共感できることにかんしてはコメントを投稿する、そんなラクなつき合い方をおすすめします。

聞いて！尾木ママ

友だちがFacebookにわたしと写っている写真をアップ。

先日、友だちがFacebookに、わたしといっしょに写っている写真をアップしていました。ふたりで買い物に行ったときの写真です。最初はそのことをまったく気にしていなかったのですが、別の友だちから「日曜日○○に行ったでしょう」と言われて「ええっ？」となりました。そのときはじめて、友だちの投稿で自分の行動が別の人にバレてしまうことに気づきました。

共通の友だちだったらいいけれど、わたしが知らない人やとくに仲よくない子にも自分の行動を知られるのは、なんか気持ちが悪いです。わたし自身は、自分や家族、友だちの顔がバレる写真を上げたことはありません。友だちにやめてと言うべきでしょうか？　でも、言ったら気まずくなってしまうんじゃないか心配です。どうしたらいいですか？

尾木ママのアドバイス

写真のアップはとっても危険！ルールの提案として、ぜひ友だちに伝えて。

これはとても危険なことです！　SNSに顔がわかる写真を上げたことでトラブルにまきこまれることはたくさんあります。今回、友だちに悪気はなかったと思います。楽しかったお買い物の写真を軽い気持ちでのせてしまったのでしょう。でも、どこに行ったって教えていない子から急に「○○行ってたよね」なんて言われたら、それはびっくりしますよね。これはやはり友だちに言うべきだと思います。でも、言い方には気をつけたほうがいいですね。

あなたは個人情報をSNSにのせないというルールを守っています。そのことを友だちに話してみるのはどうかしら？　「あなたが写真をアップするから、イヤな思いしたじゃない、やめてよね！」ではなく、「顔がわかるような写真をアップしたことで、事件にまきこまれることがあるみたいだから、わたしたちも気をつけようね」っていう感じで。ふたりのルールとして、提案してみては？　それだったら気まずくならないと思いますよ。友だちもあなたに言われて、あれは危険なことだったんだと気づくのではないでしょうか。本当はこういうルールは学校でちゃんと教えてほしいんですけどね。

2章 聞いて！SNSのなやみ相談室

聞いて！
尾木ママ

> 知らない人からの「友だち申請」にこまっています。

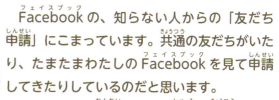

Facebookの、知らない人からの「友だち申請」にこまっています。共通の友だちがいたり、たまたまわたしのFacebookを見て申請してきたりしているのだと思います。

同じくらいの年齢の女子や趣味が共通の人ならいいけど、そうじゃない場合はムシしています。中には明らかに共通項がないおとなの男の人がいました。こういうのって、正直こわいな～と思います。友だちに相談したら、「知らない人とも友だちになれるのがSNSのいいところだから、気をつければだいじょうぶ！」と言われました。たしかに友だちが増えたらいろいろ情報交換できて楽しいけれど、本当にだいじょうぶでしょうか？　知らない人の友だち申請を受けて、住んでいるところをつきとめられたり、こわいことにまきこまれたりしないか心配です。気をつけるといっても、どう気をつければいいのかもわかりません。

尾木ママのアドバイス

年齢や性別をいつわっている可能性も。知らない人からの申請は承認しないで！

　知らない人からの友だち申請は、基本的に「放置」でいいと思います。Facebookは共通項がある人同士がつながるSNSです。知らない人と友だちになるツールではないことを忘れないでね。

　でも、その知らない人が友だちの友だちの可能性もあるので、放置すると落ちつかない、放置できない……と感じたら、一度だけ「ごめんなさい、親とのルールで会ったことのない人は友だち登録してはいけないことになっているんです」と返すのもいいと思います。こういうときは、親を悪者にしてくださいね。そういうていねいなことわりがあれば、むこうもいやな気はしないでしょう。

　未成年のうちは、SNSは確実に知っている人とだけやりましょう。Facebookの場合、実名登録が原則ですが、中には年齢や性別をいつわっている人もいます。写真もすべてウソ、なんて人もいないとはかぎりません。知らない人、少しでも不安に思う人からの友だち申請は、ぜったいに承認しないでください。

2章 聞いて！SNSのなやみ相談室

わたしのツイート、何が悪かったの？

わたしには好きなアーティストがいます。この前、そのアーティストが出演する番組の公開録画に当選し、見に行きました。わたしはとてもうれしくて、そのことをTwitterに書いたところ、リツイートされて、フォロワーがいっきに10倍くらいに増えました。ほとんどが同じファンの人で、Twitter上で楽しいやりとりができました。

ところが一部の新しいフォロワーから「いい気になってんじゃないよ！」とか「自慢するなブス！」とリプライ＊が来ました。最初はムシしていましたが、どんどん悪口はエスカレート。こわくなってそのアカウントを消しました。

友だちに「人気番組だから嫉妬されたんだよ」となぐさめられましたが、こわくてしかたありませんでした。会場では撮影禁止だったのでアーティストの写真を上げていないし、ネタバレみたいなことも書いていません。わたしの何が悪かったのか今でもわかりません。

＊リプライ：電子メールの返信と同じ意味で、他人のツイートに返信すること。

尾木ママのアドバイス

いろいろな人が見ているのがインターネット。これからは、鍵をかけて自己防衛をしてね！

これはファン心理から来たものだと思います。あなたがまちがったことをしたわけではありません。ほとんどの人はあなたがこの公開録画に行けたことを「うらやましい」、「よかったね」と言ってくれていたと思いますが、中には「自分ははずれたのに〜」とおもしろく思わない人もいたのでしょう。その中のひとりが「ブス！」などとツイートしたことで、気持ちをおさえていた人も心の奥底にあった嫉妬心がメラメラ出てきて同調してしまったんですね。これがネット社会のおそろしい面。人につられて感情的になって、どんどん悪口を書いてしまうのです。

とにかくいろいろな人が見ているのがTwitterであり、インターネットですから、自己防衛も必要。今回のようなトラブルは、自分のアカウントに鍵をかけることでさけられます。あなたが許可した人にしかあなたのツイートを読めないように設定すれば未然にふせぐことができますよ。

今回のことでファンの気持ちを学習したと思って、少なくとも自分は悪口を言ったり、書いたりしないファンになりましょう。一人ひとりがそう心得ていれば、そのアーティストのファン全体の質も上がりますからね。

聞いて！尾木ママ

Twitterアカウントをつきとめられ、いやがらせを受けています。

女子友4人で海に行ったとき、地元の男子グループと仲よくなりました。なんとなく話しかけられて、みんなでビーチボールをしました。写真も撮りましたが、女子はだれも男子たちにメアドやLINEを教えませんでした。むこうもしつこくは聞いてこなかったし、あやしい感じはなかったので、夕方、そのまま帰りました。

それからしばらくして、そのときの男子のひとりからわたしのTwitterにリプライが来ました。話した内容からわたしのTwitterアカウントをつきとめられたのです。フォローもされました。しつこくリプライが来てもムシしていると、その子が、水着を着てみんなで撮った写真の、わたしのところだけを切りぬいてツイート！
「やめて」とリプライしてもやめてくれず、拡散されてしまいました。アカウントは消したけど、あの写真はもう消えないですよね？

尾木ママのアドバイス

あなたに落ち度はありませんよ。
でも、これがSNSのこわさです。

　はじめて会った男の子にメールアドレスを教えたり、LINEの交換をしたりという軽はずみなことを、あなたはいっさいしていません。むしろ気をつけていたと思います。それなのに、Twitterのアカウントをつきとめられてしまったんですね。でも、これがTwitterなどのSNSの特徴です。便利さと比例し、危険もふくんだツールなのです。探しだそうと思えば、いくらでも他人のアカウントや所在地を見つけることができます。
　じつはぼくもブログにアップした写真から、居場所をあてられたことがあるんです。場所にかんすることはなにひとつ書いていないのに。本当にビックリした〜。後ろに写った風景からわかったみたい。それくらいかんたんにバレてしまうんです。
　残念ながら、一度写真が流出してしまうと、完全には削除できません。もし、その男の子が削除してもその前にリツイートされていたら、別のだれかが写真をコピーし、それを拡散する可能性だってあります。こういうことをさけるには、もちろんTwitterをやめるというのがいちばんだけれど、これからも続けていくのなら、そういう性質を持っているとわかったうえでやっていくしかないと思いますね。

2章 聞いて！SNSのなやみ相談室

聞いて！尾木ママ

友だちがTwitter上でストーカーされました。どうして？

つい最近、友だちがTwitter上でストーカーされました。「今日もかわいいね！」「おやすみ！夢で会おうね」にはじまり、「△△中は楽しい？」「日曜日の試合ガンバ！」などと、毎日何度もリプライが……。本名や顔はアップしていないのに、チラッと写っていた制服や背景で学校がわかったようです。ブロックをしても次々にアカウントをかえて、しつこくリプライを友だちに送ってきました。

友だちはアカウントをいったん消し、新しいアカウントには鍵をかけたので、とりあえず今は何事もないようです。でも一時期は、家を出るのもこわいと話していました。友だちは軽はずみなことは何もしていません。ごくふつうにTwitterをしていただけなのにあんまりです！　友だちは運が悪かっただけ？だれにでも起こることですか？

尾木ママのアドバイス

ちょっとした情報でも個人はつきとめられます。1か月間、Twitterを中断してみたらどうかな？

これはだれにでも起こり得ることです。ストーカーは、名前や顔写真、学校名などを上げなくても、ちょっとした情報から本人を特定します。自分がブロックされたと知ったら、アカウントをかえ、ターゲットのフォロワーを探しだし、そのやりとりからターゲットのツイートを監視する……、なんてこともやるかもしれません。

ぼくもブログをやっていますが、中には悪意を持って攻撃してくる人もいます。ぼくの場合はブログを仕事にも使うため、そういうことがあってもプラス面が多いので目をつむっていますが、中学生のあなたたちにとってはつらいことだと思います。せっかく友だちと楽しんでいるのに、それを侵害されるわけですから。

その友だちの場合、一時期、Twitterを中断してみるのもいいかもしれません。たとえば、1か月やめてみて、その間自分の生活がどうだったか、友だちとの関係はどうだったか、Twitterをやっていたころと比較してみるのです。「ぜんぜんこまらなかった〜」と思うかもしれませんよ。それだったら、そのままやめてしまってもいいかもしれませんね。友だちに伝えてあげて！

29

聞いて！尾木ママ

デマのツイートにあ然。デマツイート、どう見わけるの？

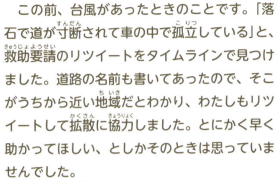

この前、台風があったときのことです。「落石で道が寸断されて車の中で孤立している」と、救助要請のリツイートをタイムラインで見つけました。道路の名前も書いてあったので、そこがうちから近い地域だとわかり、わたしもリツイートして拡散に協力しました。とにかく早く助かってほしい、としかそのときは思っていませんでした。

ところが翌日、そのツイートがデマだったと知りおどろきました。そんなデマを流す人がいるなんて、本当にゆるせません。でも、ちゃんと確かめもせずリツイートしたわたしも悪かったと思いました。冷静に考えれば、ツイートできる環境なら電話やメールで助けを呼べるはずです。あっさりだまされた自分にも腹が立ってしかたありません。今後はこんなデマツイートはぜったいリツイートしないと思ったけれど、デマってどう見わければいいのでしょうか？

尾木ママのアドバイス

「拡散希望」の情報を拡散するのは基本的にNG。たとえ友だちでも情報の出どころを確認して！

あなたは親切心で拡散に協力したのに、それがデマだったのね。結論からいえば、「拡散希望」とある情報をそのまま拡散するのは、NGだと思ってください。ときどきぼくのところにも「拡散してください！」という情報が入ってきます。でも、ぼくは拡散しないことにしています。だって、その情報が本当かどうかなんてわからないでしょ。おとなだって見わけるのはむずかしいです。基本的にはどんな情報であっても拡散すべきではないと思っています。

災害のときなど、情報が拡散され、それによって助かった、有益な情報を得られたという人はじっさいたくさんいると思います。でも、それはもともとの情報が正しかったからです。もし情報がデマだったら、あなたが拡散してしまうと、あなたもデマが広がることに加担したことになっちゃいます。フォロワーに迷惑をかけることにもなります。

知らない人からの「拡散希望」は、ぜったいに協力しないでください。また、親しい友だちからだと、ついだいじょうぶだろうと信用してしまいますが、これも危険です。情報の出どころが確認できないときは、あなたのところでとどめておきましょう。

2章 聞いて！SNSのなやみ相談室

聞いて！尾木ママ

SNS、何がよくて、何がいけないの？

最近、ある芸能人が自分の写真や行動を勝手にツイートされて迷惑だ、とおこっているのをテレビで見ました。たしかに知らないうちに写真を撮られ、さらされるのはいい気持ちはしないと思います。でも、たとえばカメラOKのイベントや無料ライブとかでは、本人や主催者が「Twitterやほかの SNS でどんどん拡散して〜」と言っています。そういうときだけ、宣伝の協力を呼びかけて、それ以外のときは「勝手に写真をアップしないで！」と言われても、なんかなっとくがいきません。
　いったいどこからどこまでが OK で、どこからが NG なのかもわかりません。よく「プライベートのときは NG」と聞きますが、有名人だとその境目もあいまいなような気がします。明確なルールがなければこれからも勝手に写真をアップする人はへらないんじゃないでしょうか。ルールが知りたいです。

尾木ママのアドバイス

有名人でも画像や情報を流してはダメ！
本人側が「拡散して！」というものは OK です。

　写真に写っている人が芸能人や政治家のような有名人であっても、個人の SNS で勝手に写真をアップすることは違法です。撮られた人には「肖像権」があるからです。ぜったいにやってはいけない行為なので気をつけて。
　「有名人だとプライベートの境目もあいまい」とありますが、この考え方はまちがいですね。タレントさんや歌手の、テレビなどに出ているときのすがたはまさに「商品」。そのすがたとはちがうふだんのすがたを勝手に撮られて流されては、その商品価値を落とすことになります。有名人にも当然、公私の境目はちゃんとあるんですよ。
　また、写真をアップしなくても「○○が今、△△にいる！」や「○○がバイト先のコンビニに来た！」と、個人情報を流すのも NG。その人の住んでいる場所やプライベートの行動をばらしてしまうことになりますから。イベントなどでタレントさん本人が「拡散してね！」って言っているときは、場合によってはファンとして協力してもいいんじゃないかな。こういうふうに本人や事務所が OK と言っているかを境目と判断するのがいいでしょうね。

聞いて！尾木ママ

SNSで知り合った友だちとカラオケするはずが、そこには別のおとなが……。

あるSNSがきっかけで、同じアニメやゲームが好きなもの同士、友だちになりました。男子もいたけれど、いわゆる出会い系ではないので安心していました。ある日、オフ会＊をしようともりあがり、その中の数人とカラオケに行くことになったのです。

参加するメンバーは学年がほぼ同じ男子、女子3人ずつでした。当日、少しおくれてしまったので、カラオケボックスの部屋の番号を聞き、部屋に入ろうとのぞいたら、そこには明らかに大学生よりおとなの男が4人見えました。わたしはこわくなって、気づかれないように急いでにげました。もしかしたらほかの女の子は部屋に入っていたのかもしれません。家に帰って、すぐにアカウントを削除しましたが、あの後何かあったのではないかと気持ちが落ちつきません。

＊オフ会：オフラインミーティングのこと。インターネット上での仲間がじっさいに集まっておこなう会合。

尾木ママのアドバイス

警戒心のない子をねらっている人がいます。
SNSで知り合った人とはぜったい会ってはダメ！

最初に言いますが、SNSで知り合った人とはぜったいに会ってはダメ！　これは原則中の原則ですよ。SNSの世界だけの友だちでいましょう。自分の行動に責任がとれる年齢になったら別ですが、あなたくらいの年齢のうちはこのルールは守ってください。

カラオケボックスからとっさににげたのはよい判断でしたね。男子、女子3人ずつ集まるはずだった、とありますが……そもそもそれが本当のことだったかどうかもあやしいと思います。女の子たちがSNS上だけの友だちなら、もうその子たちにも連絡してはダメ。女の子になりすましたおとなの男性の可能性もあるからです。

あなたは「趣味が合う人同士が知り合えるSNSだから安心」と思っていたのではないでしょうか。出会い系サイトはあぶないけど、SNSは安全だと思いこんでいますね。でもそれはまちがいです。あなたのように警戒心のない子をねらっている人が、世の中にはいるのです。SNSとリアルな世界をむすびつけてはいけません。今回はこわい思いをしてしまったけれど、いい勉強になったと思って！　これからはじゅうぶん気をつけてね。

2章 聞いて！SNSのなやみ相談室

聞いて！尾木ママ

どのSNSも、とちゅうからめんどうになります。わたしに合うSNSはある？

　mixi、Facebook、TwitterとSNSをやりました。最初は新しい友だちができてうれしいのですが、そこにじっさいの友だちもからんでくるとややこしくなります。アカウントを教えていないのに、どこかからバレてしまうのです。友だち申請されるとムシもできません。
　わたしは会ったことのない人たちと、SNSだけで気楽につきあいたいのです。友だちが見ていると思うと、学校のことや受験のことなど本当のことが書けません。つい、友だちに読まれることを想定してうわべだけのことを書いてしまいます。それでは、なんのためにSNSをやっているかわからなくなってきます。本当の自分を知らない人と自由に交流がしたい。SNSってそういうもんじゃないんですか？　今はめんどうなので、どのSNSも放置状態。わたしに向いているSNSってあるのかな？

尾木ママのアドバイス

あなたに合うSNSは見つからないかも。無理にやらなくてもいいんじゃないかな？

　あなたは実生活とはなれたところで本音を語りあいたいと思っているのに、そこにじっさいの友だちが入ってきてこまるのね。その気持ちわかります。じっさいの友だちなどの人間関係とSNS上でのつきあいは、区別をしたほうがいいとぼくも思います。その境目があいまいになって、いろいろな事件やトラブルの原因になっているからです。
　SNSをやっている人が増えている今、かくしてやっていてもすぐにだれかに見つけられてしまいます。でも、どんなSNSも本来は"コミュニケーションサイト"。知らない人と出会うためではなく、あるていど継続して利用し、交流を深めていくのが特徴なのです。そう考えるとあなたの目的に合うSNSはなかなか見つからないんじゃないかな？　でも、がまんしてまでやることは時間のムダだし、意味がない。つかれるだけね。SNSをやる利点がないのなら、すっぱりとやらないほうがいいのかもしれません。
　自由にだれかと語り合いたいのであれば、SNSより掲示板などのほうが向いているかも。でも、掲示板は匿名性が高いため、中にはひどい書きこみばかりのところもあります。掲示板の選び方には気をつけてね。

聞いて！尾木ママ

Twitterに自分で撮っていない写真をアップしたら違法？

Twitterをはじめて半年ほどたちました。この前、とある写真をアップしたら、ひとりのフォロワーから「その写真、自分で撮ったの？ そうじゃなかったら違法だよ」とせめられました。それを見た別のフォロワー数人からも「それってよくないんじゃない？」と続けてリプライが来ました。たしかにその写真は自分で撮ったものではありません。でもその写真は、Twitter上でよく拡散されているものです。自分で撮ったなんてことも書いていません。

もし、このことが違法ならTwitterには違法の写真がいっぱいあると思います。わたしはたいていの人がふつうにやっていることをしただけだと思っていましたが、ちがっていたのでしょうか……。

写真使用のOK、NGがわかりません。いったいどこからがNGなのですか？

尾木ママのアドバイス

写真の無断使用はNGです！
すべての写真には著作権があります。

これは違法です。写真に写っている人には「肖像権」があり、写した人には「著作権」があります。つまり、写した人には権利があるので、許可を取らずにそれをほかの人が勝手に使うのは違法なのです。人物が写っていない風景写真だったとしても、ダメです。

わたしも仕事でカメラマンさんに写真を撮ってもらうことがあります。それを自分のブログで使いたいときは、使っていいかどうか、カメラマンさんに許可を取ります。OKをもらったら、基本的にはカメラマンさんの名前を入れて使います。写した人の権利はそれくらい守られなければいけないものなのです。著作権にかんするメディア・リテラシー（情報を評価・識別する読み解き能力）について、日本の学校でもちゃんと教えてほしいと思います。

写真の無断使用という違法行為は、現状では、撮影した本人の申し立てがないとなかなか取りしまることはできません。だれかが撮った写真をあなたがTwitterに使っても、取りしまられることはほとんどないと思います。でも、みんながやっているからやっていいということにはなりませんよね。これからは、正しく使ってね！

2章 聞いて！SNSのなやみ相談室

聞いて！尾木ママ
特定の人の情報を他人がアップしているツイートを見かけました。これって犯罪では？

この前、明らかに特定の人の情報を他人がアップしているツイートを見かけました。アカウント名と顔や本名、学校名がさらされ、それが何百もリツイートされていておどろきました。知っている人が見たら、それがだれのことかすぐわかります。もし、まったくちがう県とかに住んでいても、興味を持った人がその人のことを探そうと思えば探せると思います。

そのさらされていた情報が本当かどうかわからないけど、全部本当のことだったらとてもこわいことです。もとのアカウントはすぐ削除され、そのツイートは見られなくなりましたが、スクリーンショット＊されたものもかなり拡散されていました。これって犯罪ではないですか？

Twitterにかぎらず、SNSをやっていたら、だれでもこういう被害にあいそうな気がしますが、何かふせぐ方法はありますか？

＊スクリーンショット：画面をそのまま撮影し、保存すること。

尾木ママのアドバイス
この行為は犯罪です。他人の情報をさらすことは、ぜったいにやってはいけないことです。

　これは明確な犯罪、法律違反ですよ。このような行為を罰する法律として「名誉毀損罪」などがあります。被害者が告発すれば、刑事罰や、犯罪ではなくても賠償責任が生じる場合もあります。

　自分の情報をさらすことも危険ですが、他人の情報をさらすことはぜったいにやってはいけないことなのです。

　SNSにかぎったことではありませんが、メディア社会すべてで、こういうことが起こる可能性があります。被害にあうのをさけたいとだれもが思います。でも、いくら自分がネット上のルールを守っていても、故意に情報を流す人はどこかにいるということ。ネットに個人情報をさらされるようなトラブルを起こさないこと、というのが回避法のひとつかもしれませんが、ぜったいさけられるとはかぎりません。これもSNSの特徴といえます。

　そういう内容をふくむツイートを見てもぜったいに拡散しない、犯罪に加担しないことです。このことはみんなに守ってほしいです。

聞いて！尾木ママ

Twitterで根も葉もないことを書かれ、拡散されました。

Twitterで根も葉もないことを書かれ、それが拡散されて、ひどい目にあいました。拡散したのは、じっさいの友だちではなく、Twitterで知り合った好きなアイドルのファン仲間です。それまでアイドルの共通の情報を交換したり、チケットをゆずり合ったり、すごく良好な関係で、信用もしていました。

それなのに、突然てのひら返しで総攻撃を受けました。はじまりはフォロワーのある人が、わたしをよく思っていなかったのか、わたしにかんするウソをツイートしたこと。かばってくれる人がいて、ウソだとほかのフォロワーたちにも伝わりました。

ほとんどの人から「ごめんね」と、リプライが来たけれど、一度、彼女たちに持った不信感は消えず、わたしはアカウントを消し、今はだれとも連絡を取っていません。これっていじめのようなものですよね。回避する方法ってありますか？

尾木ママのアドバイス

かかわる人が増えるとトラブルも起きやすいもの。いったん、SNSからはなれてみては？

35ページの質問と少し似ていますが、あなたは直接被害にあったのね。フォロワーが増えれば増えるほど、いろんな考え方の人が集まってきます。中にはあなたのツイートの一部だけを読んで、内容を誤解して受けとめる人も出てきます。文字だけのつきあいは本当にむずかしいですね。有益な情報を交換しているときは楽しくおだやかな場でも、何かのきっかけで、今回のようなことが一瞬で起こるのです。これも、完全に回避できる方法はないと思います。ぼくもブログに書いた内容の一部を勝手に切り取られ、拡散され、誤解を受けたことがあります。

ネット上で何度もこわい思いをしているので、ウソを拡散した人たちにあなたが不信感を抱く気持ちはすごくわかります。「SNSは楽しい面もあるけど、こわい面もある。ひとつ経験を積んだ！」と思って、ここは気持ちを切りかえてみてはどうでしょう？しばらくはTwitterからはなれて、リアルな人間関係を豊かにするのもいいと思うよ。いろいろな人と交流を持とうとはじめたSNSで人間不信になってしまったら、そんな悲しいことはありませんから。

3章 聞いて！LINEのなやみ相談室

友だちとの連絡に便利なLINE。でも、使い方をまちがえて大きな問題も起きています。

この章では、LINEにかんするなやみを尾木ママに相談します。

同じようななやみを持っている人、いるんじゃないかな？

新世代のコミュニケーションツール
LINEについてもっと知りたい！

友だちや家族などとトークや通話を楽しめるアプリケーション、LINE。
子どもからおとなまで大人気ですが、どんなアプリなのでしょう？

💬 LINEの誕生

　もともとLINEは、これまでの「知らない人たちと交流できる」SNSではなく、家族や友だちといった、身近な人たちとつながるアプリケーションをつくろうと開発していました。その矢先に東日本大震災が起こりました。家族や親せきと連絡がつかずにこまっている人々のようすを見たLINEの開発者が、「コミュニケーションアプリがあれば、もっとスムーズに家族と連絡が取り合えたはず……」と思いました。そこで、予定よりも開発を急ぎ、2011年の6月に誕生したのです。

※LINEには緊急通報機能はありません。

💬 LINEって、どうして流行したの？

　2011年6月にサービスがはじまって以来、日本だけでなく世界各国で使われ、登録者数が5億人を突破しているLINE（2014年10月現在。LINE株式会社調べ）。
　LINEの魅力は、なんといってもコミュニケーションが手軽にできることでしょう。文字でのやりとりがまるでマンガの会話のように続いていきます。さらに「スタンプ」と呼ばれる、会話に入れていくイラストも楽しく、あっというまに日本中に広がっていきました。

© LINE Corporation

LINEのスタンプ

　LINEには「うれしい」「残念」といった感情や「ひまだよ」「風邪です」といった近況をあらわすスタンプが、たくさんそろっています。利用者はそれを買って、メッセージのやりとりの中に使います。スタンプは、自分でつくったものを申請すると、審査を経て承認されればスタンプショップで販売することができます。LINEは、このスタンプで、ますます楽しさを広げています。

© LINE Corporation

3章 聞いて！LINEのなやみ相談室

便利なLINE機能の表と裏！

LINEにはコミュニケーションを便利にするいくつかの機能があります。ところが、ときにはそれが原因で、問題が起きてしまうこともあります。

便利！ メッセージを読んだことがわかる「既読」

LINEでは、自分が送ったメッセージを相手が読むと、「既読」と表示されます。「すでに読みましたよ」という意味です。これは、送った側からすると、相手が自分のメッセージを確かに読んでくれたという確認ができるので便利です。

既読の表示は、「読んだらすぐに返事をしないと！」と、プレッシャーに感じる人もいます。送った人も、「既読になっているのに返事が来ない。どうして？」とかんぐってしまうのです。既読なのに返事をしなかったために、学校で無視されたり、いやがらせを受けるなどいじめにつながるケースもあります。

相手が読んでくれたかどうかわからない電子メールとちがって、連絡を確実にできるため、とっても役立ちます。

既読がついたら、すぐに返事をしないといじめにあいそうで、こわいです。LINEをやめたくてもやめられません。

便利！ いっせいにメッセージを送れる「グループトーク」

LINEは、複数の人が一時的に集まってやりとりをする複数人トーク機能のほかに、固定のメンバーでグループをつくってメッセージをやりとりする「グループトーク」という機能があります。相談や連絡事項があるときなど、メンバーにいっせいにメッセージを送ります。

グループトークは、いじめにつながることもあります。直接だと言えないようなことを、文字だと打ててしまうのです。ひとりを仲間はずれにして、その子以外で別のグループをつくる「LINEはずし」といういじめも起きています。

グループトークは、みんなで教室でワイワイ話をしているみたいに楽しく会話ができます。

友だちがLINEはずしにあいました。理由は「ちょっと調子にのってるから」。今はもとにもどりましたが、今度は自分の身にふりかかりそうでこわいです。

便利！ メールアドレスを聞かなくても気軽に連絡が取れる！

LINEは相手のメールアドレスがわからなくても、電話番号がわかっていれば、友だちとして追加し、気軽に「トーク」できます。アドレス帳に登録している人と自動的につながる機能もあります。また、会った人と「友だち」になりたい場合、いっしょにタイミングを合わせてスマホをふると、相手のアカウントが自動的にわかるという機能もあります。

裏…… アドレス帳に登録しているLINE利用者と自動的につながれる機能は、便利な反面、めんどうな場合もあります。それほど仲よくない人とも自動的につながってしまうからです。もし相手が自分をLINEの友だちとして登録してしまうと、こちらが登録していなくても、メッセージが届くようになってしまいます。

【自動でつながるしくみ】

LINEに登録する。

スマートフォンの電話帳に登録されている人のアドレスがLINEの会社に送信される。

相手もLINEをやっていれば、友だちリストに自動的に追加される。

⚠ トラブル回避
「友だち自動追加」は「オフ」に
「友だちへの追加を許可」も「オフ」に！

つながりを増やすための「友だち自動追加」の機能は、企業がLINEをたくさん使ってほしいためにつけている機能です。この機能は、設定をかえることでとめることができます。

もしあなたがアドレス帳にある人全員とLINEをやるつもりがないのであれば、LINE登録時に「友だち自動追加」は「オフ」にしましょう。また、相手に友だちにされてしまうことをさけるためには、「友だちへの追加を許可」を「オフ」にします。こうしておけば、LINE上で自動的に友だちにしたり、友だちにされたりする問題をさけられます。

覚えておこう！ ▶ LINE ID

LINEには、自分自身で設定するIDがあります。IDを交換して検索すると、相手に友だちリクエストを送ることができ、自分の電話番号を相手に伝えずにトークできます。

ただこの機能は、見知らぬ人に検索されて、覚えのないメッセージが届いたり、トラブルにまきこまれたりする原因になることがあります。LINE ID検索は、18歳未満は利用できませんが、親名義でスマートフォンを購入しているケースでは、利用することができてしまうので、注意が必要です。

3章 聞いて！LINEのなやみ相談室

スマートに使いたい LINE(ライン)のマナー

人の悪口を言わない、顔写真をのせないなど、インターネットのマナー以外に、LINEならではのマナーもあります。

1 未読はよくあること

LINE(ライン)はいつも相手が見ているわけではありません。相手がメッセージを読んでいないからといってせめるのはダメ！急ぎの用事や大事な用事は、電話にしましょう。

2 かならず返事が来るものではない

既読(きどく)なのにすぐに返事が来ないと相手をせめるのはダメ！相手は返信内容(へんしんないよう)を考えているのかもしれないし、そろそろトークをやめたいのかもしれません。時間が取れない場合だってあるのです。

3 グループトークで個人(こじん)トークはNG

グループで楽しく話せるのがLINE(ライン)のいいところ。グループ内で個人(こじん)トークをはじめたら、ほかの人はおもしろくありません。そんなときは個人(こじん)あてに切りかえましょう。

4 グループトークの会話は気をつけて！

グループトークは、情報(じょうほう)のやりとりやことばの使い方などに気を配りましょう。人の電話番号やアドレスのやりとりをすると、想定外の相手に広まってしまうことがあります。

5 グループ参加への強要(きょうよう)はやめよう

LINE(ライン)を利用(りよう)していても、特定(とくてい)のグループに入りたくない人もいるかもしれません。招待しても参加(さんか)しない人をせめたり、無理(むり)やり参加(さんか)させたりするのはやめましょう。LINE(ライン)をどう使うかは、その人の自由です。

6 スタンプはほどほどに

スタンプは、使い方を考えないと、相手の気分を害(がい)することもあります。まじめな話の返事に、ふざけたスタンプを使ったり、とにかくひんぱんにスタンプを使ったり……。相手のことを考えて使いましょう。

ネット上のやりとりだと忘(わす)れがちだけれど、**ふだん会って話すのと同じように、相手の気持ちを思いやる**ことが大事なんですよ。

聞いて！尾木ママ

友だちとLINEできなくて、仲間はずれにされそう！

うちには「LINEは家族としかやらない」というルールがあります。理由は「いろいろなトラブルをさけるため」。両親が決めたことで、わたしがスマホを買ってもらう条件でした。ちょうどLINEのいじめ問題がニュースでよく流れていた時期でした。わたしもそのときは、こわいな〜と思っていて、「LINEはやらなくてもいいや」と、条件を受け入れました。

でも、仲のいい子たちはグループをつくってLINEでやりとりをしています。LINEで話された話題についていけず、わたしだけのけものになった気分になることも。お母さんに「友だちとLINEやっていい？」と何回もお願いしているけれど、「やらないって約束したでしょ」と言われるだけ。このままだといつか仲間はずれになるかも……。どうしたら親にゆるしてもらえるでしょうか？

尾木ママのアドバイス

本当の友だちならだいじょうぶ！
親のせいにして、最初の約束を守りましょう。

あなたは「LINEは家族としかやらない」ことを条件にスマホを買ってもらったのだから、この約束は守らないといけません。約束やルールを守るということは、どんなときでもとても大事なこと。スマホは親がお金を出して購入し、使用料も親が責任を持って払っていますよね。ですから、あなたも最初の約束を守ることに責任を持たないとね。

では、友だちからLINEにさそわれたらどう言うか？　その答えはかんたん。「親にLINEをやらないことを条件でスマホを買ってもらったの。約束をやぶったら没収されちゃう、ゴメン！」、これでいいの。きっと友だちならわかってくれますよ。伝えたいことはメールで送るなどの配慮をしてくれるんじゃないかしら。反対にLINEをやらないくらいで仲間はずれになるような関係性なら、そもそも本当に友だちだったのかもあやしいもの。これはLINEの問題ではなく、あなたと友だちの関係性の問題なんですよね。

LINEに参加しなくても良好な友だち関係を築ける、ぜひあなたにはそういう見本をつくってほしいです。そして、LINEをやらないことに不安を感じている子へのいい例になってほしいな。

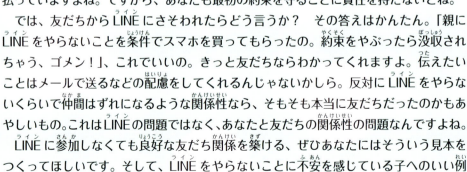

3章 聞いて！LINEのなやみ相談室

聞いて！
尾木ママ

LINEに
しばられるのがいや。
でも気になって
しかたがありません。

仲よしグループ5人のうち4人とLINEでグループをつくっています。A子だけはスマホを持っていないので参加していません。でもA子はそのことをまったく気にしていないのです。一度A子にどうしてLINEやらないの？と聞いたら、「携帯でメールできるし、別にやらなくてもこまらないから〜」と言われ、びっくりしました。

じっさい、A子がLINEをやっていないからといってグループから孤立することもありません。でもわたしは、LINEのちょっとした内容や既読スルー（既読無視）にいちいち気をもんでいます。自分以外の3人がトークでもりあがっていると仲間はずれの気分になり落ちこみます。LINEをはじめてから成績も少し下がりました。LINEにふり回されていないA子がうらやましい。こんなわたしはLINEをやめたほうがいい？

尾木ママのアドバイス

ちょっとしたことでなやむのは成長している証拠！
負担なら、いったんやめてみてもいいですね。

　ちょっとしたことでなやんでしまうのは、小学校高学年から中学生くらいまでの女子の特徴です。思春期の成長過程の特徴なの。LINEのやりとりでのささいなことで気をもんだり、落ちこんだりするあなたは、まさに成長しているまっ最中なんです。A子さんはとても精神的に自立しています。高校生になれば、ちらほらA子さんのような子が出てきますが、この年齢ではめずらしいわ。彼女は精神的な成長が早いんですね。
　ほかの3人はあなたを仲間はずれにしているわけではないのに、あなたは疎外感を抱いてしまう。LINEはとても便利なツールですが、こういう気持ちになりやすいのです。みんながみんなすぐに返事を返せたり、軽いトークのやりとりを楽しめたりするとはかぎりません。そういうノリについていけない子もいるし、最初からまったくLINEをやらなくてもOKというA子さんのような子もいる。それでいいのよ。あなたもLINEが負担になっているのであれば、気持ちの余裕が持てるまで、いったんやめてみるのもいいかもしれませんね。さいわい、身近にLINEをやっていないけど友だちから孤立していないA子さんがいるじゃない。彼女のように精神的な自立をめざしましょう。

聞いて！尾木ママ

グループトークがずっと続くと、いつぬけていいのかわかりません。

わたしは3つのグループに参加しています。クラスの仲よしのグループ、部活の友だち、小学校のときの友だち、とそれぞれ関係性がちがいます。休みの日や夜は3つのグループのトークが同時にはじまることがよくあります。それぞれのグループトークに返事をしていると、あっというまに1、2時間がたっています。ずっとトークが続くといつぬけていいのかタイミングがわかりません。スマホを持ったまま寝落ちしたこともよくあります。翌朝、その後もまだまだトークが続いてもりあがっていたことを知って落ちこむこともしょっちゅうです。

LINEはすっごく便利だし、今のところトラブルにもあっていません。でも、友だちとのトークは大切だけど、睡眠時間や自分の時間も大事にしたいです。いったいどうLINEとおりあいをつければいいのか知りたいです。

 **尾木ママのアドバイス**

夜中のトークはつきあわないのが正解！「もりあがってたね〜」くらいの気持ちのよゆうを持って！

グループトークを楽しんでいて、気づいたら10個くらいのグループができてしまった……という話はよく聞きます。その全部とかかわろうとしたら、1、2時間なんてあっというまにたっちゃいますよ。寝落ちするのも当然です。でも、トークがまだまだ続いていたと知って、落ちこむことなんてないのよ。「へーっ、あれからまだもりあがってたんだ〜」と思えばいいの。それをとちゅうで寝てしまった、と落ちこんでしまうのね。これはLINEに「依存」しているといっていいと思います。まずはこの状況からぬけだしましょう。自分が入っていない状況で、ほかの人が何をしていても、楽しそうでも気にしないこと。「自己確立」といって、精神的に自立し、自己が確立していれば気にならなくなります。それがおとなになっていくということなのね。

そして、「睡眠時間や自分の時間も大事にしたい」というあなたの考え方はとても正しいわ。今のまま、何個ものグループトークにつきあっていたら、睡眠障害（3巻35ページ参照）になるかもしれませんし、それが原因で不登校になる可能性もあります。睡眠障害になると、集中力、判断力、記憶力が落ちてきますから、この点も気をつけてね。

3章 聞いて！LINEのなやみ相談室

聞いて！
尾木ママ

夜もグループトークに
参加したい！
でも親との約束で
できません。

スマホを買ってもらったときの親との約束で、自分の部屋ではスマホを使えません。家ではリビングでだけ使えます。その約束を守っているので、多少長くスマホをいじっていてもおこられることはありません。友だちには時間の制限がある子もいるので、うちの親はやさしいほうだと思います。

自分の部屋に持ちこめないので、夜寝るときはリビングに置いています。でも、グループトークは夜も続いています。しかもグループがいくつもあるので、朝はそれを全部読んだり返信をしたりで、とても大変です。夜のうちにやっておければ、朝はもっとゆっくりできるのに……。親に事情を話し、時間制限されてもいいから、部屋でも使えるようにお願いしたほうがいいのかなやんでいます。

尾木ママのアドバイス

あなたはルールで守られているんですよ。
親との約束はちゃんと守って使ってね。

　「自分の部屋ではスマホを使わない」と約束したのだから、あなたはこれを守らなくてはいけませんね。スマホを使用するさいの大原則です。リビングで使用するのは問題ないわけでしょう。だったらリビングにいる時間のうちに、トークを終わらせればいいのです。「じゃ、もう寝るからおやすみ〜」と切り上げて部屋に行けばいいの。もし、これが部屋でも自由に使える状況だったら、最初は自分なりに使用時間をセーブしていても、そのうち夜中までトークを続けるようになると思います。そうなると、成績にも影響が出るでしょう。あなたは今、ルールに守られていることを忘れてはいけませんよ。
　そもそも翌朝、全部のトークを読んで全部に返信する必要はないんです。トークは夜のうちに終わっているんですから。そこに時間をさくことにはまったく意味がありません。返信するなら、「みんなもりあがってたね。わたしは寝ちゃった！　ごめんね〜」でいい。思春期まっただ中では自分だけが集団からはなれていることを苦痛に思います。でも、成長していくうちにそれが平気になっていきますよ。夜中のトークは気にせず、朝、気軽な返信ができるようになるといいですね。

45

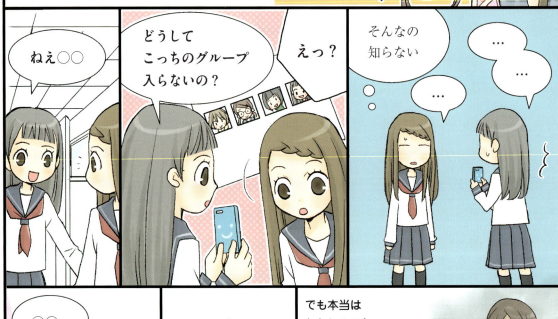

3章 聞いて！LINEのなやみ相談室

どうして
わたしが
仲間はずれに
なったの？

わたしをふくむ仲のいい4人で、LINEのグループトークをしています。学校で話せなかったことをやりとりできるので、3人とのLINEでのトークは自分にとって大切なことです。

ところが最近、わたし以外の3人で新たなLINEグループをつくっていたことを知ってショックを受けています。そのグループには、Rという子が入っていて、Rに「どうして入らないの？」と聞かれ、そのことを知りました。どう返事していいかわからずかたまってしまい、Rはわたしが招待されていないと気づいたみたいで、気まずい雰囲気になりました。

わたしが仲間はずれになる理由がわかりません。学校では3人ともふつうに接してきているし、4人グループのLINEも変わりないからです。自分は本当は嫌われているんじゃないかと考えると、学校に行くのがイヤになります。3人に理由を聞くべき？

● 尾木ママのアドバイス

LINEのグループは派生していくもの。仲間はずれではないと思いますよ。

あなたが3人とやっているグループトークは、前と変わりがないのよね。学校での3人の態度も変わっていない……。だとすると、仲間はずれではないと思います。知らないうちにあなたがそのグループトークからはずされていれば、「LINEはずし」による仲間はずれやいじめの可能性もありますが……。Rさんはあなたに「どうして入らないの？」と聞いてきたわけでしょ。少なくともRさんが入った新しいグループでは、あなたの悪口など出ていないんじゃないかな？

でも、そうなるとますます、なぜあなたがそのグループに招待されなかったのか、疑問に思ってしまいますよね。ここは直接聞いてみてもいいのかもしれません。Rさんに、何でつながったグループなのか、サラッと聞いてみるのはどうでしょう。もしかしたら、Rさんとほかの3人に共通の趣味があるのかもしれません。アニメだったり、アイドルだったり。そういう共通の話題や情報を共有するグループなのかもしれませんよ。そのことにあなたが興味ないとすれば、グループに招待されても、トークの内容はその話題ばかりでつまらないでしょう。

LINEの友だち登録が増えていけば、グループがこのように派生していくのもしかたありません。LINEは、そういう特徴を持ったツールだと思って使っていきましょうね。

3章 聞いて！LINEのなやみ相談室

この気持ち
どうしたら
いいですか？

一度LINEの乗っ取り*被害にあいました。とつぜん自分のアカウントが使えなくなり、登録している友だちに変なメッセージが届いて、大さわぎになったのです。すぐに親に言って、パスワードなどの登録を変更し、復旧させました。わたしのまわりにはいませんでしたが、テレビなどで乗っ取りが話題になり、自分だけが被害にあったわけじゃないと知りました。登録を変更してからは、問題なく以前と同じように使えています。

ところが、わたしが乗っ取り被害にあったと知っている何人かの友だちが、わたしをブロックしています。わたしとつながると自分も乗っ取られるのではないかと心配しているのかもしれません。でも、わたしは被害者です。悪いことは何もしていないし、登録の変更だってすんでいます。

本当の友だちならブロックなんてしないのでは？と怒りがわいてきます。この気持ちを、その子たちに伝えてもいいでしょうか？

＊LINEの乗っ取り：自分のアカウントがだれかに乗っ取られ、勝手に友だちにメッセージを送ったり、友だちのアカウントが乗っ取られ、友だちになりすましたメッセージが送られてきたりする。

● 尾木ママのアドバイス

乗っ取りとウイルスと混同しているのかも。
友だちに、乗っ取りのしくみを説明してみて！

　あなたをブロックしている友だちは、乗っ取りがウイルスによるものだと思っているのかもしれません。そう思いこんでいれば、またあなたを「友だち登録」したら、自分も被害にあってしまう！と思ってもしかたありませんね。でも、被害にあったのはウイルスが原因ではなく、あなたのメールアドレスとパスワードが、なんらかの方法で流出してしまったからです。51ページに説明されているLINE乗っ取りのしくみを、お友だちにちゃんと説明したほうがいいと思います。

　「友だちならブロックなんてしないでしょ！」と、怒りの気持ちを伝えてしまうと、けんかになるかもしれないので、このしくみをちゃんと伝えてみて。友だちの誤解がとければ、この問題は解決すると思いますよ。

　また、今後同じような被害にあわないために、登録しているパスワードを定期的に変更するなど自衛も必要ですね。悪い考えを持った人たちはあの手この手を使ってきますから、用心するにこしたことはありません。

気をつけよう！LINEを安全に使うために

右のグラフからもわかるように、中学3年生とくらべると、高校1年生のスマートフォンの所有率はかなりアップ。またスマートフォン所有の91%の高校生はLINEを利用しているという結果も出ました。利用者が増えれば、それにともないトラブルにまきこまれる確率も高くなるというもの。トラブルを回避するには、どんなことに気をつければよいのでしょうか。

中学3年生と高校1年生の所有携帯端末内訳

高校1年時、スマートフォンの所有率は32ポイント増加

高校生の所有端末別 SNS利用率

高校生になりスマートフォン所有率が上がるとLINEとTwitter利用率が上昇

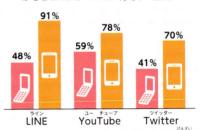

ガイアックス調べ（2014年3月現在）

安全に使う3つのポイント

1 プロフィールはニックネームで！

LINEは最初に自分のプロフィールを設定（登録）します。プロフィールの「名前」の登録はニックネームや名字だけにしましょう。本名で登録してしまうと「グループトーク」でじっさいに会ったことのない人たちにもあなたの本名が知れわたってしまいます。

2 自分の写真もNG！

プロフィールには画像も登録できます。ここに自分の写真を登録してしまうと、写真をコピーされたり、加工されたりしてあなたになりすます人がいないともかぎりません。プロフィールの写真はペットやお気に入りのグッズなどの写真、似顔絵などにしましょう。

3 知らない人は無視でOK！

友だちを追加していると、いろいろな人が「知り合いかも？」の欄に上がってきます。こうなるのは「友だちに自動追加」にチェックを入れているからです。追加する気がなければ返答する必要はありません。

※知らない人からのメッセージは、削除しておきましょう。

3章 聞いて！LINEのなやみ相談室

「LINEはずし」の実態！

　気の合う友だち、塾の友だち、部活動など、グループをつくって会話ができる「グループトーク」。そのグループトークで、突然だれかを、本人にことわりもなくグループから退会させるのが「LINEはずし」です。
　LINEのグループは掲示板のように管理者がいないため、AさんがBさんを仲間はずれにしようと思えば、勝手にBさんを「退会」させることができます。だれがだれを退会させたか表示されるようになったため、陰で気に入らない人をはずすという行為はへりましたが、自分がはずされないためにリーダー的存在の気持ちをくんで、あえて名前をわからせてだれかを退会させるという新たないじめが起こっています。

LINEでのいじめは、スマホの画面をちょっと操作するだけでできちゃうから、**罪悪感も少なく、気軽にやってしまいがち**。でも、これは、まぎれもなく「いじめ」なんです。

LINEアカウントの乗っ取り被害って？

　ある日、友だちのKさんから「手伝ってもらっていい？」とLINEのメッセージがMさんに届きました。Mさんが「いいよ」と返信するとすぐに、「後でお金を返すから、コンビニで電子マネーのプリペイドカードを買って来て…」というメッセージが。Kさんからのたのみごとだと信じたMさんは電子マネーカードを購入し、その後、カードのコード番号をKさんに送信。そして、MさんがKさんに連絡すると、そんな連絡はした覚えがないと言われ、購入したカードの金額はすべて使われていました。

　これがLINEアカウント乗っ取り被害です。Kさんのアカウントが乗っ取られたのです。このような手口で被害にあった人は4000人近く！　被害総額は推計1億円と発表されています（2014年5～10月）。
　LINEのIDとパスワードがセットになったリストが出回り、犯人たちはそれを入手したと見られています。犯人の手口やリストの入手方法はどんどん変わっていくでしょう。LINE側も乗っ取り対策をしていますが、利用者もパスワードを変えるなど、自衛していくしかありません。

⚠ 乗っ取り被害にあわないために

1　パスワードを変更する。
2　パスワードの使い回しはしない。
3　パスワード・PINコード＊は、複雑にする。

＊PINコード：LINEアカウントにログインしようとしている人が、本人かどうかを確認するための4けたの暗証番号。

アカウントを乗っ取られると、その後アカウントは強制削除され、**これまでのトークや、友だちリストはすべてなくなってしまいます。**

聞いて！尾木ママ

あまり仲よくない友だちとのトークが苦痛です。どうしたらいい？

LINEの友だち登録が50人くらいあります。でも、その中で本当に「友だち」と呼べるのは3、4人くらいです。ほとんどがつきあいでグループになったり、友だち申請を受けたりして増えた子たちです。中には部活の連絡とかで連絡を取り合うために必要だったので登録した子もいますが、それも数人です。

登録自体は問題ないのですが、大して仲よくもない子たちのトークにつきあわなきゃいけないのは本当に苦痛です。グループトークだと、わたしだけが無反応でいるわけにはいきません。ところどころで適当に返していますが、まったく興味のない話題がえんえんと続くとうんざりします。

軽い気持ちでグループに入ったり、友だち申請を受けたりしたことを後悔しています。グループをやめたいけど、どういっていいのかわかりません。

尾木ママのアドバイス

LINEにふり回されないためにも、グループごとのルールをつくって！

LINEを利用していれば、多かれ少なかれ、だれにでもこういうことは起きてきます。どうやって対処していくか、考えていかなくてはいけませんね。

部活の連絡用のグループなどは、本当なら最初にルールをつくっておけばよかったと思います。今からでもいいので、「わたしたちの部は既読スルーOKにしよう」と提案してみてもいいかもしれません。先輩同士のトークのやりとりにいちいち返信するのも大変ですよね。LINEのルールについて、グループごとにぜひ話し合ってみてください。

「わたしだけが無反応でいるわけにはいきません」とありますが、そもそも、「既読スルー（既読無視）」は悪いことではないんですよ。そうはいっても中学生くらいの女子は、なかなかそれが実行できないんですよね。でも、そんなことで気をもんだり、トラブルの原因になったりしては、なんのためにLINEをやっているのかわかりません。苦痛になるようなら、親のせいにするなどして退会してもいいかもしれませんね。LINEはコミュニケーションツールのひとつです。ふり回されるのではなく、じょうずに便利に使う人になっていきましょうね。

3章 聞いて！LINEのなやみ相談室

聞いて！
尾木ママ

LINEグループ内の
いじめ、わたしには
何ができる？

学校の友だちで3つのグループ登録をしていますが、その中の1グループでいじめが起こっています。そのグループの子たちは、学校ではそんなそぶりを見せていません。以前と変わらず、仲よくしているので、グループ以外の子たちはいじめに気づいていません。いじめの最初はムシでした。あからさまにひとりのトークをムシするのです。わたしは最初気づかず返信していましたが、おかしいとすぐにわかりました。ムシの次は、その子がまるでグループにいないみたいに、悪口の言い合いがはじまりました。本人が反論してもムシ。リーダー的な子があることないことを書いて、ほかの子もそれに同調する形です。

わたしはいじめのトークに加担してないけれど、こんなことははじめてなのでどうしていいかわからず何もできずにいます。理由もないのにいじめられているその子を助けたいのに方法がわかりません。

尾木ママのアドバイス

LINEも現実もいじめの構造は同じです。
信用できる先生に相談してみて！

　前年度にくらべて、高校でのいじめが32％へったという文部科学省のデータ＊がありますが、それはいじめの場がLINEなど見えない場所に移っただけのことです。学校でじっさいにいじめがあれば、教師やまわりの子も変だということに気づきます。でも、LINEのグループ内だと、グループ以外の人はまったくわかりません。いじめを受けている子は、学校では何事もないようにふるまうのです。こんな残酷なことはありません。
　LINEのグループにも、いじめのリーダーは存在します。ほかの子は次のいじめのターゲットになるのがこわくてこのリーダーに同調してしまう。現実の世界のいじめと構造は同じです。やはりここまで来たら、だれかに言わないと解決しないと思います。まずは信頼できる先生に相談してみて。そしてあなた自身は、そのいじめられている子に、自分は味方だと伝えてください。その子は今、だれのことも信用できない状況だと思うけど「信じてもらえないかもしれないけど……」と最初に言って、自分の気持ちを伝えてみて。この世の中にひとりでも自分の味方がいると知れば、その子の心は少しすくわれるんじゃないかな。

＊平成25年度「児童生徒の問題行動等生徒指導上の諸問題に関する調査」文部科学省

聞いて！尾木ママ

LINE禁止のうちの親。なんとかなりませんか？

わたしが所属する部活動では、部の連絡にLINEのグループトークを利用しています。連絡網がLINEというわけではないのですが、急な連絡の場合、LINEを使うほうが速いし便利だからです。でも、わたしだけ部活の同学年でLINEをやっていません。スマホは持っていますが、LINEは親から禁止されているからです。早朝の急な連絡など、何回かわたしが知らない連絡事項があって、こまったことがありました。本当に不便です。

親にないしょでLINEに登録することはできません。わたしは友だち同士で長々とトークをしたり、夜おそくまで使ったりしたいのではありません。部活の連絡で使いたいだけなのです。そのことを一度、母親に言いましたがわかってもらえませんでした。親にどう話せばわかってもらえますか？

尾木ママのアドバイス

中学校の部活の連絡でLINEを使うのはNG！
高校生は、親子LINEから提案してみて！

この質問については、中学校と高校を分けて答えます。まず、義務教育である中学校の部活動の連絡用にLINEを使うのはまちがいです。連絡事項は電話かメールで送ってもらうように、親御さんから部活動の顧問や担任の先生に言ってもらいましょう。

高校は義務教育ではないので、部活動の連絡がLINEということもあると思います。部活動の連絡用にだけLINEを使いたい、ほかには使わないからと、お母さんにもう一度ちゃんと話しましょう。そのさい、「まずは二人でやってみようよ」と提案するのも手です。お母さんにもLINEのことを知ってもらうの。そして、許可がもらえたら、お母さんに1か月ごとに使い方をチェックしてもらうとか、約束をやぶったら没収とか、ルールについても話し合いましょう（親子のルールについては3巻52ページ参照）。

家庭でルールを決めることはとても大切なことです。おとなでもLINEの正しい使い方を知らない人はたくさんいます。親がわかっていないのに子どもに使わせるなんてとても危険なことです。LINEをはじめる前に家族で使い方を確認してくださいね。

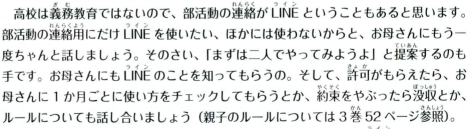

3章 聞いて！LINEのなやみ相談室

聞いて！尾木ママ

LINE上でのけんかにまきこまれてこまっています。どうしたらいい？

LINE上でのけんかにまきこまれてこまっています。以前、本当に仲のいい数人のグループでやっていたときはトラブルなどありませんでした。そのグループは今も問題なくやっています。ところが、LINEをやる子が増えていって、いくつものグループができてきて、そのうちのひとつが荒れているのです。そのグループには直接会ったことがない子もいます。

はじまりはそのグループのひとりに向けられた悪口でした。それからは悪口合戦が続き、根も葉もない誹謗中傷の嵐。悪口の同意をもとめられ、うんざりです。そんなことになってからわたしはそのグループのトークには入っていってません。でも、悪口合戦が毎日のように上がってくるので目にしてしまいます。仲のいい子のグループだけでやっていたいので、そのグループからは退会してもいいですよね。

尾木ママのアドバイス

グループ内の変化はLINEの宿命。理由も書かずに退会してもいいと思います。

　こうなってしまった場合、グループから退会していいと思います。あなたがそのグループに入ったときとは、いつのまにかグループの質が変わってきてしまったのかもしれませんね。こういったことは、LINEの宿命です。友だち登録が増えれば、会ったこともしゃべったこともない人がグループ内にいる、なんていうことはめずらしいことではありません。それでもいい関係をたもてるグループはもちろんあります。会ったことがない人とも共通の趣味や話題でもりあがったり、情報交換をしたりすることもできます。でも、じっさいはそうじゃないグループもたくさんあります。荒れているそのグループもそのようですね。ひどい悪口合戦がくり広げられ、悪口に同意をもとめられているのですから……。そこまで来たのなら、あなたが退会をするしかありません。退会の理由もとくに書かなくていいと思います。

　根も葉もない悪口の言い合いなどは、人間関係をまだつくっている最中の、小学生や中学生はもちろん、おとなでもよくあることです。これも成長過程の経験のひとつとして受けとめ、これを機に、あなたには少しずつおとなになっていってほしいな。

聞いて！尾木ママ

設定のミスからいろいろな人からの友だち申請が来た！

姉がLINEの人間関係になやまされていた時期がありました。「じっさい会って話すのとはちがって、画面上のことばだけだと誤解が起きるのよね〜」と、当時姉が話していました。だから、わたしがLINEをはじめるとき、安易に友だち登録しないようにアドバイスされ、親友数人としかやっていませんでした。

ところが、わたしの設定のミスからかある日、電話番号を登録している子から友だち申請が急に入ってくるようになったのです。電話番号を登録しているので、仲は悪くない子たちです。でも、はっきりいって迷惑です。LINEでやりとりをしたい仲ではありませんが、ブロックするのは失礼だし、かといって登録してめんどうなことにもなりたくないのでこまっています。

こういう場合、どうやってことわったら相手を傷つけないですみますか？

尾木ママのアドバイス

自動で「友だち申請」が来たのかも。直接聞いてみてもいいと思いますよ。

LINEの友だち申請は相手の設定しだいで自動的に入ってくることがあります。だれかが新しくLINEに登録すると、自分のアドレス帳にその人の登録があれば「あなたのアドレス帳にいるこの子がLINEをはじめましたよ、登録しなくていいですか？」という内容のお知らせが勝手に行ってしまうのです。その設定のせいで、とくに仲がいいというわけではない人からも、友だち申請が来てしまったんじゃないかな？

アドレス帳に登録がある相手なのですから、直接連絡をして聞いてみたらどうでしょう？　「LINE申請が来たけど、わたし最近やってないんだ〜」と言えばいいと思います。むこうがもし申請していなければ自動で来ただけですから、「あ。じゃ、勝手に来たんだね。ごめんね〜」ですみます。もし、本当に申請をしていたのだとしても、あなたが「最近やっていないから、申請を受けないことにしている」と言えば、わかってくれるんじゃないかな。

今後のこともあるので、友だち自動追加の設定はオフにしておきましょう（40ページ参照）。

3章 聞いて！LINEのなやみ相談室

聞いて！尾木ママ

LINEをやらないことがいじめの原因になりそう……。

LINEで一時期いじめを受け、LINEはもちろん、スマホを持つこともやめました。いじめといっても、ちょっとした悪口を書かれたくらいだったので、傷としてはあさいほうだと思います。ブームだったのか、すぐに悪口はやみ、わたしがスマホを持たなくなったので、以来被害を受けることもありません。その友だちとは今は何事もなかったように接しています。

スマホは音楽も聞けるし、調べものにも便利なので、家では使っています。そろそろまた持ち歩こうかと思っていますが、あんなことがあったので、もうLINEはやりたくありません。スマホをまた持ちだしたらLINEやろうよ、とすでに友だちから言われています。ことわったら、それがまたいじめの原因にならないかと心配です。まだ、悪口を書かれた傷がいえていないんだと思います。やはり、家で使うだけにしておいたほうがいいのかな？

尾木ママのアドバイス

LINEのさそいはことわったほうがいいと思います。今は自分の世界を広げたり深めたりして！

結論からいえば、せっかく少しずつ以前のいじめの傷がいえてきている時期ですから、まだスマホは家で使うだけにしたほうがいいと思います。

もしスマホの使用を復活させて、友だちからLINEにさそわれたら、ここは親のせいにしてしまいましょう。「前にLINEでいじめっぽいことがあったから、親から禁止されてるんだ」とか「LINEやらないのを条件で親にスマホを持つのをゆるしてもらったの」と、言えばいいと思います。スマホをまた持つ＝いじめ再発？というあなたの心配を事前になくすことは、とても大事なことですよ。

スマホを持たなくても、今は友だちと何事もなかったようにつきあえているわけですから、そのリアルな関係を大事にしたほうがいいと思います。これでもし、また何かあったら前より傷つくかもしれません。あなたは調べものをしたり、音楽を聞いたりと、スマホのいいところをじゅうぶん理解しています。だったら今は家でそれを楽しんで、自分の世界を深めたり広げたりするのに使ったほうがいいんじゃないかしら。

聞いて！尾木ママ

みんなが楽しんでいるグループトークの内容が楽しめません。

グループトークで、テーマパークに行ったとか、洋服を買ってもらったとか、パンケーキを食べたとかを写真つきでわざわざ送ってくる友だちにうんざりしています。そういうのは共通の趣味の子と直接やりとりをすればいいと思います。それか、グループトークではなくTwitterとかFacebookにアップすればいいのでは？　じまんしたいのかもしれませんが、送られてきたほうは本当に迷惑です。

その手の写真が来たら、思っていなくても「かわいいね」とか「うらやましい！」と、いちおう返信します。ひがんでると思われるとイヤなので機械的に返しているだけです。送るほうは悪気がないんだろうけど、こっちは時間、労力すべてがムダに感じられます。

そんなとき、「LINEやめたい！」と心底思います。こんなわたしはヘンでしょうか？

尾木ママのアドバイス

あなたはみんなより成長が早いだけ。
みんなに話して、自分の時間を大事にして！

これは大変ね〜。なんとも思わない写真をほめたり、うらやましがったりするのは苦痛よね。女の子は洋服やスイーツのことなんかで、何時間でももりあがれますからね。このグループの子たちの気持ちもわかります。でもあなたはイヤなのね。あなたは自分がしっかりあって個性的ですね。変ではなく、みんなより少し成長が早いだけです。もし、本当に合わないのなら、このグループから退会していいと思いますよ。興味のない話題にふり回されるのは時間のムダですから。その時間をあなたが興味あることに有効に使ったほうがいい。ただ、仲よしのグループだったら急に退会するわけにもいかないですね。これはむずかしいところです。

こういうのはどうでしょう。しばらくは、LINE上での自分に興味がない話題はスルーしてみる。それでほかの子から「どうしたの？」とか「スルー？」なんて返されたら「あ、ゴメ〜ン。今〇〇のことでいっぱいいっぱいだったから〜」と、自分がほかに夢中になっていることを告白するの。友だちだったらきっとわかってくれるはずです。LINEについやしている時間を、あなたの興味があることに使ったほうがいいと思いますよ。

3章 聞いて！LINEのなやみ相談室

聞いて！
尾木ママ

LINEに興味がないと
友だちに言えません。
言ってもいいでしょうか？

わたしはスマホを持っているけれど、LINEをやっていません。興味がないというか、LINEのことで一喜一憂しているまわりの子たちを見るとバカバカしいと思うからです。家族や友だちとの連絡はメールでじゅうぶん、それもたまにしかやりません。

友だちからはよく「スマホ持ってるのに、なんでやらないの？」と、聞かれます。めんどうなので本当の理由は言わず、「親から禁止されているから」と、言っています。話を切り上げたいので、そんなシンプルな口実を言っているのですが、それではすみません。友だちから同情されて「見せてあげる」と、トーク内容をしばしば見せられるのです。これはこれでめんどうです。

なんとかそういうのを回避する方法はないのかなと思いますが、いっそ本当の理由を言ったほうがいいでしょうか？ 自分の意思でやっていないってことを。

尾木ママのアドバイス

LINEで大変な思いをするよりマシかも。
そのうち同じ考えの友だちがあらわれますよ。

あなたは精神発達の段階でいえば、ちょっとほかの子より先に進んでいるんだと思います。こういう考え方の子は高校生になれば、もっと増えてきますよ。

LINEをやらない理由を「親から禁止されているから」としているのは正解ね。でも、友だちには同情されて、トーク内容を見せられてしまう……たしかにめんどうなことだと思います。友だちは親切心で見せてくれているんですけどね。いい友だちね。

でもね、LINEをはじめたけど、自分に向いていないとか、関係性がわずらわしいとなやんでいる子はたくさんいるの。それにくらべたら、っていうのも変だけど、あなたのめんどうさはまだマシかな。それもこれも、あなたがちゃんと自分の考えを持っているからなんです。LINEにふり回されている周囲の子たちのことを「バカバカしい」と思っていても口にはしないのも、あなたにお友だちへの配慮があるからです。

あと、1、2年もすれば、あなたのような考え方をする友だちがあらわれますよ。それまでは、「興味がないから！」とつっぱねるよりは、自分とはちがう考え方をするんだな……と、勉強する気持ちで、周囲の子たちと接したほうがいいんじゃないかな。

ネットトラブルにかんする相談窓口

2016年1月現在

インターネット全般のトラブルにかんする相談窓口です。
まわりに相談できるおとながいないときは、この窓口に相談してみてください。

インターネットホットライン連絡協議会／一般財団法人インターネット協会

http://www.iajapan.org/hotline/consult/

インターネットに関わるさまざまなトラブルの窓口を紹介しています。キーワードからどこに相談すればよいのかを案内してくれます。

都道府県警察本部のサイバー犯罪相談窓口一覧

http://www.npa.go.jp/cyber/soudan.htm

サイバー被害にあったり、あいそうになったりしたときの相談窓口のURLを、都道府県別に紹介しています。

迷惑メール相談センター／一般財団法人日本データ通信協会

http://www.dekyo.or.jp/soudan/info/

インターネットやメールのトラブル別に、関連省庁・団体・機関や民間企業についての相談先がまとまっています。

24時間子供SOSダイヤル／文部科学省

☎ 0120-0-78310 (なやみ言おう)

土日や夜間もおこなっている24時間対応の、子どもの電話相談窓口。電話をかけた所在地の教育委員会の相談機関に接続されます。

SNS各社の相談窓口

知らない相手からのメッセージを拒否したい、嫌がらせのメッセージを送ってきたアカウントを通報したい、勝手に掲載されたSNSの画像を削除したいなど、SNSごとに相談できるウェブフォームからの問い合わせ窓口です。

- **Facebook ヘルプセンター**
  https://www.facebook.com/help/
- **Twitter ヘルプセンター**
  https://help.twitter.com/ja
- **LINE ヘルプ**
  http://help.line.me/line/
- **mixi ヘルプ**
  http://mixi.jp/help.pl
- **GREE ヘルプ**
  https://phelp.gree.net/
- **Instagram ヘルプセンター**
  https://help.instagram.com
- **Tumblr ヘルプ**
  https://tumblr.zendesk.com/hc/ja
- **LinkedIn™ ヘルプセンター**
  https://www.linkedin.com/help/linkedin?lang=ja

尾木ママより 保護者の方と先生へ

子どもたちを正しい使い手に

尾木直樹

　お父さん！　お母さん！　学校の先生たち！
　昨今の中高生のSNSトラブルをみると、SNSはその利便性よりも、むしろ成長・発達の阻害要因、いじめのツールとしての影響が大きくなっている感さえあります。
　よかれとわが子に買い与えた便利なはずのツールが、何といじめを生み、はては命をうばう凶器となり得る事実から、目をそむけるわけにはいきません。
　学校も、「家庭の問題」にして、知らん顔をしているわけにもいきませんね。なぜなら、被害者は自分の学校、学級の児童・生徒なのですから——。これでは、目の前の学級・学年・部活動などの人間関係が堅実に形成できません。さらに決定的に重要なことは、児童・生徒の思春期の発達を保障できないということ。SNSに依存的になっていくと、学力があれよあれよという間に下がり、睡眠不足から昼夜逆転。生活リズムを壊し、ホルモンのバランス、心身の発達保障さえ危うくなってくるのです。
　とくに思春期には、一人孤独になってじっくり自己と向き合い、自分とは何者か、何をしたいのか、どこからきて、どこに行くのかなど根本問題を悩み考える時間が必要です。激しい自己葛藤をくり返しながら自我同一性（アイデンティティ）を確立していく、自立にとって最も重要な時期なのです。そんな時期に、24時間のべつまくなしに、学校の友達とつながりっぱなしでは、自分とじっくり向き合う時間がまったく確保できません。これでは、自立できないおとなを大量に生みだすことになりかねないのです。利用のルールを決めるなど、学校・家庭を問わず、子どもたちの成長のために知恵を絞り、子どもたちとともに考え行動していきましょう。

▶ SNSとLINEにかんする用語集

この巻に出てくるSNSとLINEに関連する用語を集めました。インターネット全般の用語集は1巻に、SNS依存・インターネット依存にかんする用語集は3巻に掲載しています。

【アカウント】
コンピュータそのものや、ネットワーク上のいろいろなサービスを利用する権利のこと。

【アバター】
SNSやブログ、オンラインゲームなど、インターネット上で自分の分身となるキャラクター。

【アプリケーション（アプリ）】
特定の目的のためにつくられたソフトウェア（コンピュータのプログラム）。

【いいね！ボタン】
SNSやブログなどで、好き・楽しい・共感するなどの意思を表示するボタン。どのくらいの人が共感しているかなど、発信した側に反応が伝わる機能。

【SNS】
Social Networking Service の略した呼び名。インターネット上で情報を交換したり、会話を楽しんだり、人とつながって楽しむサービス。

【炎上】
個人や団体が投稿した内容に向けて、不特定多数の人から非難が殺到し、収拾がつかなくなる状態。

【拡散】
情報がSNSなどを使ってネット上に広がること。SNSの機能を使うと、あっというまに情報が広がる。

【既読（LINE）】
LINEで、送ったメッセージを相手が読んだときに表示されるもの。既読のまま返信をしないと、読んでいるのに無視している「既読スルー」とされ、いじめにつながるケースもある。

【グループトーク（LINE）】
複数の人とやりとりするLINEの機能。メンバー全員にいっせいに流れるので、集まって会話しているようになる。

【掲示板（電子掲示板）】
インターネット上で記事やコメントを書きこんだり、閲覧したりして、情報を交換するサイト。

【シェア】
SNSで情報などを複数の利用者で共有すること。Facebookのシェアの場合、人の投稿を引用して友だちに知らせることができる機能。

【スクリーンショット】
画面をそのまま撮影して保存すること。

【ソーシャルゲーム】
SNS上で楽しむゲーム。SNSでコミュニケーションを取っている者同士でゲームを楽しんだり、ゲームを通じてコミュニケーションを取ったりできる。

【タイムライン（Twitter）】
だれかが投稿したツイートを、時系列に一覧で表示する機能。またはその表示画面のこと。

【ダウンロード】
インターネット上にあるファイルを、自分のコンピュータにコピーして保存すること。

【ツイート・tweet（Twitter）】
Twitterの投稿のこと。鳥のさえずりという意味の英語。日本では「つぶやき」とも言われる。

【デコメ】
デコレーションメールの略。携帯電話のメールの文章を絵文字やイラスト、色などでかざることができるサービス。

【ハッシュタグ（Twitter）】
自分のツイートに「#」のマークをつけ、そのあとにキーワードを入力してツイートすると、キーワードに関係するツイートを探すことができる。

【ビデオハングアウト（Google＋）】
一度に10人までの人とビデオ通話ができるGoogle＋の機能。

【フォロー（Twitter）】
興味ある人のツイートが、自分に自動的に届くようにするTwitterの機能。

【フォロワー（Twitter）】
Twitterでは特定の人をフォローしている人のこと。

【ブログ】
インターネット上に時系列順に公開する日記のようなウェブサイト。

【ブロック】
指定した人からの連絡を拒否する機能。Twitterの場合、フォローやリプライなどをいっさい受け付けなくするため、勧誘や嫌がらせなどを回避できる。

【プロフィール】
SNSを利用するさいに登録する自分の情報。

【メディア・リテラシー】
メディアの特性や利用方法をよく知り、情報を評価したり識別したりする読みとき能力のこと。

【リツイート（Twitter）】
自分が見たツイートをそのまま人に教えるTwitterの機能。

【リプライ（Twitter）】
Twitterで、ほかの人のツイートに返信すること。電子メールの返信と同じ意味。

【リンク】
ハイパーリンクの略。あるページから関連している別のページや画像などに移動すること。

用語の解説は、一般的な用語の解説ではなく、SNSで使用するさいの用語解説です。

さくいん

あ行

- アイコン ……………………………………… 5
- ID(アイディー) ……………………………………………… 40
- アカウント … 26-29,32,33,35,36,48,49,51,60,62
- アバター …………………………………… 14,62
- アプリケーション(アプリ) ………… 10,13,38,62
- いいね！ ………………………………… 12,22,23,62
- いじめ ………………………… 39,42,51,53,57,60
- 依存(いそん) ……………………………………………… 44
- 位置情報(いちじょうほう) ……………………………………… 18
- Instagram(インスタグラム) ………………………………………… 14,60
- 炎上(えんじょう) ……………………………………………… 20,62
- オンラインゲーム ……………………………… 20

か行

- 拡散(かくさん) …………………… 17,28,30,31,34,35,36,62
- 既読(きどく) ……………………………… 39,41,43,52,62
- Google+(グーグルプラス) ……………………………………… 15,60
- GREE ……………………………………… 14,60
- グループ機能(きのう) ………………………………… 12
- グループトーク … 39,41,44,45,46,47,50,51,52,54,58,62
- 掲示板(けいじばん) ………………………………… 10,33,62
- コミュニケーションサイト ………………… 33

さ行

- シェア ………………………… 11,12,15,17,62
- 肖像権(しょうぞうけん) ……………………………………… 31,34
- スクリーンショット ……………………… 35,62
- スタンプ ……………………………… 13,38,41
- ソーシャルゲーム ……………………… 11,62
- ソーシャルメディア ……………………… 10

た行

- タイムライン ……………………………… 13,30,62
- ダウンロード …………………………………… 19,62
- Tumblr(タンブラー) ………………………………………… 15,60
- 著作権(ちょさくけん)（著作者(ちょさくしゃ)） ……………………………… 15,34
- ツイート(tweet) … 13,26-28,29,30,31,35,36,62
- Twitter(ツイッター) … 13,16,17,20,26-29,31,33,34,35,36,60
- つぶやき ………………………………… 13,16,62
- デコメ ……………………………………… 14,62
- 動画共有(どうがきょうゆう)サイト ………………………………… 15
- 友(とも)だち自動追加(じどうついか) ……………………… 40,50,56
- 友(とも)だち申請(しんせい) ………………… 5,6,25,33,52,56

な・は行

- ニコニコ動画(どうが) ………………………………… 15
- 乗(の)っ取(と)り ……………………………… 48,49,51
- パスワード ……………………………………… 49,51
- ハッシュタグ …………………………… 13,62
- ビデオハングアウト ………………………… 15,62
- Facebook(フェイスブック) ……………… 12,16,22-25,33,58,60
- フォロー ……………………………… 13,15,20,62
- フォロワー …………………… 26,27,29,30,34,36,62
- ブログ …………………… 14,28,29,30,34,36,62
- ブロック ……………………………… 29,48,49,56,62

ま・や・ら行

- マスメディア …………………………………… 10
- mixi(ミクシィ) ……………………………………… 14,33,60
- 迷惑(めいわく)メール ……………………………………… 19,60
- メディア・リテラシー ……………………… 34,62
- YouTube(ユーチューブ) ……………………………………… 15
- LINE(ライン)はずし ……………………………… 39,47,51
- リツイート ……………… 13,17,26,27,28,30,35,62
- リプライ ………………………… 27,28,29,34,36,62
- リンク ……………………………………… 19,62
- LinkedIn™(リンクトイン) ……………………………………… 15,60

監修／尾木直樹（おぎ なおき）

1947年、滋賀県生まれ。教育評論家、法政大学教職課程センター長・教授、臨床教育研究所「虹」所長。早稲田大学卒業後、中学・高校などで教員として22年間ユニークな教育実践を展開。現在も大学で教壇に立つほか、調査・研究、メディア・CM出演、評論、講演、執筆活動にも取り組む。近年は「尾木ママ」の愛称で親しまれる。

テクニカルアドバイザー／木下由美（きのした ゆみ）

愛知県在住。パソコン、ウェブにかんする雑誌・書籍の執筆や、ウェブサイトの保守管理をおこなっている。現在、絵本の出版社「Pictio」のウェブサイトで、「子どもとIT」をテーマにした不定期連載を執筆中。

- **編集制作**……株式会社アルバ
- **制作協力**……臨床教育研究所「虹」
- **執筆協力**……古川美奈、金田妙
- **デザイン・レイアウト**……チャダル108
- **イラスト**……カタノトモコ、シンカイモトコ、かわぐちけい
- **表紙写真**……小学館 林紘輝

おしえて！尾木ママ 最新SNSの心得2
どうしよう？　SNSのトラブル

発　行	2015年4月　第1刷 2019年8月　第3刷
監　修	尾木直樹
発行者	千葉　均
編　集	後藤正夫
発行所	株式会社ポプラ社 〒102-8519 東京都千代田区麹町4-2-6　8・9F
電　話	03-5877-8109（営業） 03-5877-8113（編集）
印　刷	瞬報社写真印刷株式会社
製　本	株式会社難波製本

ISBN978-4-591-14348-3　N.D.C.367/63P/24cm
ホームページ　www.poplar.co.jp

Printed in Japan

★ポプラ社はチャイルドラインを応援しています★
こまったとき、なやんでいるとき、18さいまでの子どもがかかるでんわ
チャイルドライン
0120-99-7777
ここ4時〜ここ9時　＊日曜日はお休みです
電話代はかかりません　携帯・PHS OK

落丁本・乱丁本は、お取り替えいたします。小社宛にご連絡ください。
電話 0120-666-553　受付時間は月〜金曜日、9：00〜17：00です（祝日・休日は除く）。
本書のコピー、スキャン、デジタル化等の無断複製は著作権法上での例外を除き禁じられています。本書を代行業者等の第三者に依頼してスキャンやデジタル化することは、たとえ個人や家庭内での利用であっても著作権法上認められておりません。
P7163002

> 尾木ママが

さまざまなSNSのなやみに
ズバリこたえます!

おしえて！尾木ママ
最新SNSの心得

監修：尾木直樹

全3巻

1 知りたい！
ネットの世界

2 どうしよう？
SNSのトラブル

3 ストップ依存！
SNSのかしこいつかい方

小学校高学年〜中学生向き

各63ページ　N.D.C.367　B5変型判
図書館用特別堅牢製本図書